◎ 易荐萍 主编

烹饪

中国农业科学技术出版社

图书在版编目（CIP）数据

烹饪／易荐萍主编．—北京：中国农业科学技术出版社，2016.5

ISBN 978－7－5116－2542－7

Ⅰ.①烹…　Ⅱ.①易…　Ⅲ.①烹饪－技术培训－教材
Ⅳ.①TS972.1

中国版本图书馆 CIP 数据核字（2016）第 050877 号

责任编辑　徐　毅
责任校对　李向荣

出 版 者　中国农业科学技术出版社
北京市中关村南大街 12 号　邮编：100081
电　　话　(010)82106631(编辑室)　(010)82109702(发行部)
(010)82109709(读者服务部)
传　　真　(010)82106631
网　　址　http://www.castp.cn
经 销 者　各地新华书店
印 刷 者　北京昌联印刷有限公司
开　　本　850mm×1168mm　1/32
印　　张　4.125
字　　数　100 千字
版　　次　2016 年 5 月第 1 版　2016 年 5 月第 1 次印刷
定　　价　14.80 元

《烹　饪》

编　委　会

主　编　易荐萍

副主编　郑晶　邓春梅

编　委　宣文涛　宣正阳　刘祥辉

前　　言

目前，我国不仅需要有文凭的知识型人才，更需要有操作技能的技术型人才。如家政服务员、计算机操作员、厨师、物流师、电工、焊工等，这些人员都是有着一技之长的劳动者，也是当前社会最为缺乏的一类人才。为了帮助就业者在最短的时间内掌握一门技能，达到上岗要求，全国各个地方陆续开设了职业技能短期培训课程。作者以此为契机，结合职业技能短期培训的特点，以有用实用为基本原则，并依据相应职业的国家职业标准和岗位要求，组织编写了职业技能短期培训系列教材。

本书为《烹饪》，主要具有如下特点。

第一，选材广泛。本书从烹饪市场的实际需要出发，首先介绍了烹饪工作的职业要求；接着详细介绍了常用原料的初步加工、烹饪勺工、烹饪刀工、烹调基本技术、热菜制作、冷菜制作等基本技能。

第二，内容通俗。本书以技能为主要突破点，避免了繁杂的理论叙述。文字简练，深入浅出，并有针对性地配合翔实的图片，清晰地传递着必备知识和基本技能，对于短期培训学员来说，容易理解和掌握，具有较高的实用性和可读性。

第三，资料新颖。本书以当前烹饪市场的新需求新标准为切入点，所选资料力求最新，以适应烹饪市场技术工具的变迁和人们对菜肴的质量要求提高的趋势。

相信通过本书的阅读和学习，对烹饪工作会有一个全新的认识和专业能力的提高。

本书适合于各级各类职业学校、职业培训机构在开展职业技能短期培训时使用，也可供烹饪工作相关人员参考阅读。

由于编写时间仓促和编者水平有限，书中难免存在不足之处，欢迎广大读者提出宝贵建议，以便及时修订。

作　者

2016 年 1 月

目　　录

第一章　烹饪工作认知

第一节　厨师简介

厨师是指以烹饪为职业，以烹制菜点为主要工作内容的人。其主要工作是将各种烹调原料，经过初加工、细加工，再通过煎、炒、烹、炸、熬、炖、焖各种烹调手段，制作成色、香、味、形俱佳的菜肴（图1-1）。

图1-1　厨师

厨师这一职业出现很早，大约在奴隶社会，就已经有了专职厨师。随着社会物质文明程度的不断提高，厨师职业也不断发展，专职厨师队伍不断扩大。根据有关资料统计，21 世纪初，世界厨师队伍已发展到数千万人，中国素以烹饪王国著称于世，厨师力量和人数首屈一指。

第二节　厨师的职业要求

一、道德素质要求

行行出状元，但每行都有每行的“德”，教师讲师德，医生讲医德，厨师讲的是厨德。何为厨德，即厨师在其劳动过程中所应遵循的与其职业活动紧密联系的道德原则和规范的总和。

对于厨师的道德素质要求一般包括以下内容。

（1）重视企业信誉，诚实公平交易，树立“顾客第一，讲求信誉”的良好职业道德。

（2）年轻厨师必须向老一辈师傅学习，真正做到尊老敬贤，尊师重教。

（3）自觉遵守《中华人民共和国食品安全法》和《中华人民共和国野生动物保护法》。

二、安全意识要求

安全生产、安全操作是各行各业的头等大事，厨房中的安全更不可忽视。厨师每天都要与刀、火、油、电器、煤气打交道，哪项不注意都可能造成损失。

总的来说，在厨房工作中厨师应注意以下几个方面。

（1）厨房油较多，地面较滑，走路时一定要慢走、稳走，不在厨房追跑打闹。

（2）刀是厨师工作的辅助工具，是用来加工原料的，不能持刀挥舞。刀用后应放在干净、安全的指定位置。

（3）要安全使用煤气炉，气瓶与炉头要保持一定距离，操作完毕后务必关闭煤气总阀门。

（4）使用电器设备要事先了解操作技巧，注意电器功率与供电线路的匹配，用后须立即关掉电源。

三、业务素质要求

厨师的业务素质涉及很多方面，其主要方面是要有精湛的技术。具体地说，作为一名合格的厨师，要有精细的刀工，对火候的掌握要得当，调味要准确适口。要有较好的文化知识素养。要掌握现代营养、卫生等有关烹饪科学方面的基础理论知识，要了解祖国的烹饪文化历史，要懂得一定的民俗礼仪知识。要有一定的美学修养和艺术创新基础。

此外，还应该有勇于创造、大胆革新的精神，要具备一定的组织管理能力以及5S现场管理法（即整理（SEIRI）、整顿（SEITON）、清扫（SEISOU）、清洁（SEIKETSU）、素养（SHITSUKE））的灵活运用等。

四、卫生素质要求

餐饮加工人员个人卫生素质是餐馆卫生的决定性因素，再好的岗位卫生要求，也要依靠第一线的餐饮加工人员去执行。厨师的卫生素质要求应包括卫生意识、健康状况、卫生知识、卫生习惯等内容。

1. 卫生意识

食品卫生不仅影响食用者的身体健康，也关系到餐饮企业的声誉和经济效益，甚至食品制作加工人员个人的前途。所以，厨师必须注意增强自身的卫生意识，时刻注意搞好食品卫生，防止食物中毒。

2. 健康状况

餐饮加工、服务人员每年必须至少进行一次体检，并持健康证上岗。而且要随时进行自我医学观察，及时发现并报告自己患有的可能污染食品的疾病。

当厨师观察到自己有下列症状时，应暂停接触直接入口食品的工作或采取相应的防护措施：腹泻、手外伤、烫伤、皮肤湿疹、咽喉疼痛、耳眼鼻溢液、发热、呕吐等症状。这些症状都潜伏着病原微生物污染食品的可能性，应及时治疗，直到排除有碍食品卫生的疾病后方可恢复原工作。

3. 卫生知识

作为一名厨师不仅要有精湛的食品加工技术，还应掌握一定的食品卫生知识。国家规定，厨师必须经过食品卫生知识培训，取得培训证后方可上岗，之后每两年还要接受一次复训。各个岗位的厨师必须掌握岗位卫生要求，并自觉执行。

4. 卫生习惯

厨师要时刻保持手的卫生，养成勤洗手的好习惯，这对保持餐饮卫生具有重大意义。厨师不得留长指甲，不得涂指甲油，加工食品时不得戴戒指和手表。

厨师在加工食品时，不得吸烟，更不得面对食品打喷嚏或咳嗽。这是因为口腔内可能存在的致病性金黄色葡萄球菌，可通过喷嚏或咳嗽污染食品。

厨师在工作时要穿戴洁净的工作服、工作帽，把头发全部置于帽子内，以免头发和头皮屑混入食品中。

第二章　常用原料的初步加工

第一节　新鲜蔬菜的初步加工

一、蔬菜初步加工要求

1. 黄叶老叶需拣净

蔬菜上的黄叶、老叶及不能食用的部分必须去净，否则，会影响菜肴的质量。

2. 虫卵杂物洗涤净

蔬菜叶背上和根部会带有虫卵，泥沙也较多，必须洗涤干净。

3. 蔬菜要先洗后切

蔬菜一定要先洗干净后再切。否则，会从刀口处流失许多有营养价值的汁液，也容易被污染。

4. 食用部分尽量留

蔬菜在拣选过程中尽量保留食用部分，以达到物尽其用。例如，芹菜取秆也要留叶；香菜食叶也要吃根。

二、蔬菜初步加工步骤

1. 削剔整理

这是蔬菜初步加工的第一个步骤。就是把蔬菜上的泥土、杂物及不能食用的部分完全去掉。根据蔬菜种类的不同，一般有拣剔、撕择、剪切、乱削等方法。如菠菜、油菜要去掉黄叶、烂叶；白菜要撕掉老帮，切去老根；茭白、山药、马铃薯要剥去老壳、削皮；豆角要摘掉顶尖和蒂，并撕去老筋；冬瓜、南瓜等要削去外皮，挖去瓜瓤等。

2. 洗涤处理

这是蔬菜初步加工的第二个步骤。根据蔬菜的种类和烹调的具体要求，可分为以下几种方法。

（1）冷水洗涤。蔬菜上的泥土杂物一般用清洁的冷水都能洗净，并能保持蔬菜的新鲜整洁。洗涤时根据污秽程度，采用直接洗涤、先浸后洗、边冲边洗，直到洗净为止。

（2）温水洗涤。如在天气寒冷时，蔬菜上的泥污和杂物用冷水就不易除净，故最好用温水洗涤。但水不可过热，以避免绿色蔬菜受到影响。

（3）盐水洗涤。盐水洗涤有杀菌作用。有些叶面上的小虫用清水不易除净，如放在2%的食盐溶液中浸洗，小虫就会浮在水面而被除掉。

（4）食用碱或小苏打洗涤。在温水或冷水中加些食用碱或小苏打，不仅能洗净蔬菜，而且还能洗掉蔬菜上的残留农药。

三、蔬菜初步加工的具体应用

1. 叶菜类

（1）韭菜。择去黄尖，除去老根，洗净，控干水分。

（2）香菜。择去黄、烂叶，原棵洗净。

（3）空心菜、菠菜。择去黄烂叶及不能食用的部分，削去根须，原棵洗净。

（4）卷心菜。切去根和老叶，洗净。

（5）大白菜。剥去外层老帮，然后逐一分瓣，洗净。根据菜肴要求，把帮、叶从中切开。

（6）油菜。把外层老叶和黄叶择出去，分瓣洗净。如用油菜心，内里留着4~5片不要剥开，然后先用刀把根部削尖，再洗净即可。由于油菜茎根部易藏有泥沙，一定要洗涤干净。

（7）油麦菜、茼蒿、木耳菜、豌豆苗、豆瓣菜。捡净杂质，洗净。

（8）生菜。分瓣逐一洗净。如有生吃，必须洗净，以彻底去除可能留存的农药化肥残留。

（9）芥蓝。除去老叶、外皮老根、洗净沥干。

（10）香椿。先切去茎下部质老的部分，洗净。

（11）芦荟。用小刀削去表层薄皮，洗净。

（12）仙人掌。用小刀削去表层薄皮及刺，洗净。

2. 根菜类

（1）萝卜类。把外表泥洗净，刨去外皮，切去顶苗和尾根即可。

（2）莲藕。洗去泥，刮去藕皮，削净藕节。鲜藕去皮时，用刀削往往削得薄厚不匀，削过的藕还容易发黑。若用金属丝的清洁球去擦，可擦得又快又薄，就连小凹处都能擦得干干净净，且去完皮的藕还能保持原来的形状，既白又圆。

（3）山药。削去表皮、洗净，用清水泡着备用。山药好吃，但皮难去，可把买来的山药洗净，然后用开水烫一下再去皮，这时，不但皮好刮而且也没黏液了。

3. 茎菜类

（1）芹菜（香芹、西芹）。择去叶片，把茎部撕去筋及老皮。

（2）蒜薹。择去顶花、切去老梗，洗净。

（3）百合。剥开，洗净即可。

（4）蒜苗。先剥去外层带泥的皮，去除黄、烂叶，洗净，去须根即好。

（5）荸荠（马蹄）。切去头尾，削净外皮，洗净，浸于清水中。

（6）茭白（菇笋）。剥去外壳，切去苗，刨皮。

（7）甘薯、马铃薯。削去外皮，挖出芽眼，洗净后用清水浸着备用。

（8）莴笋。先掰下笋叶，再切去根部，最后削去外皮。

（9）黄豆芽、绿豆芽。修切去根须即可；绿豆芽择去头尾即为银针。

（10）笋（鲜笋、冬笋、笔笋等）。切去头部粗老的部分，剥去笋外壳，取出笋肉，用刀削去外皮，使其圆滑。然后用水滚至熟透。

（11）甘蓝、球茎甘蓝。撕去表皮，洗净。

（12）芋头。削去表皮，挖净芽眼。

（13）慈姑。刮去外衣，洗净。

（14）芦笋。削去外层硬皮，切去下面质老的部分。

（15）洋葱。切去头尾，剥去外衣。

（16）生姜。用清水洗净泥沙即可。由于生姜体质不大，且又凹凸不平，在洗涤时掰开洗，并用自来水多冲洗一会，便可洗涤。

4．果菜类

（1）佛手瓜。刨去外皮，按需要加工形状。

（2）黄瓜。先用清水洗净，再用刨皮刀把黄瓜把处的皮削去。因为这部分的皮发苦。

（3）苦瓜、丝瓜、冬瓜。一般是先刨去外皮，再一切为二，挖去籽瓤，即可。

（4）南瓜。洗净，切开，去籽瓤即可。

（5）葫芦。洗净，刨皮，切去两头。

（6）番茄。择去蒂，洗净，或在其顶面划一个十字刀口，

用沸水略烫，撕去皮即可。

(7) 青椒、尖椒。先用清水洗净，再去蒂，去籽瓤。多数人在清洗青椒时，习惯将它刨为两半，或直接冲洗，其实这是不正确的。因为青椒独特的造型与生长的姿势，使得喷洒过的农药都累积在凹陷的果蒂上。

(8) 茄子。将茄子洗净，刨去外皮，切掉蒂部即可。

(9) 四季豆。摘去两头及两边筋络，洗净便好。

5. 花菜类

(1) 西蓝花、菜花。切去托叶，切成小朵便可。

(2) 黄花菜（金针菜）。洗净便可。由于鲜黄花菜中含有秋水仙碱，有剧毒。因此，在洗涤时要用开水将鲜黄花菜烫后浸泡，再用清水洗净。

6. 鲜食用菌类

(1) 鲜蘑菇。削去泥根，洗净即好。由于鲜蘑菇表面有黏液，泥沙粘着不易洗净。洗蘑菇时，水里先放点食盐搅拌，泡一会再洗，就很容易将泥沙洗净。

(2) 鲜平菇。除去老根，洗净即好。由于新鲜平菇本身就有水分，而且鲜平菇海绵般的菌体也能吸收大量水分，因此，在清洗时千万不能用水浸泡，清除表面脏污可用湿布抹，再用干布或洁净的纸擦干就可以了。这样清理出来的平菇，在炒菜时避免了过多的水分溢出，味道更鲜更美。

(3) 鲜冬菇、茶树菇、鸡腿菇、金针菇。洗净即可。

第二节　水产品的初步加工

一、鱼类

鱼类初加工有以下几种方法。

1. 刮鳞破腹取脏法

将鱼头朝左平放在案板上，左手压住鱼头，右手持“刮鳞刀”由尾往前把鳞刮掉，打完鳞后把鱼鳃抠出。之后，在鱼腹顺长拉一口子，掏出内脏，用清水洗净内部血污和黑膜，即可。这种方法实用范围较广，包括鲤鱼、草鱼、鲢鱼、鲫鱼、武昌鱼等。

2. 刮鳞不破腹法

将鱼头朝左平放在案板上，左手压住鱼头，右手持“刮鳞刀”由尾往前把鳞刮掉，打完鳞后，在鱼肛门处横切一刀至切断肠子为准，用两根筷子（或铁棍）从嘴内将两面鱼鳃和内脏从嘴处搅出来，用水洗净即可。适用这种方法的有黄鱼、鳜鱼。

3. 不刮鳞破腹法

剁掉鳍，用刀削掉腹部一层硬鳞（有的鱼没有这一步骤），抛开鱼腹，掏净内脏，刮去黑膜，挖去鱼鳃，用清水洗净血污，即可。这种方法只适用于鲥鱼和一些无鲮鱼，如鲇鱼、带鱼等。

4. 剥皮破腹法

把鱼放在案板上，先用手撕取鱼皮，再用刀在鱼的下巴处竖刀刺开，取出内脏，用清水洗净血污，即可。这种方法适用于比目鱼。

5. 剔取鱼肉法

如家里买了一条重 1 000克以上的鲜鱼，想取头清炖，鱼尾来红烧鱼肉来做一个熘鱼片或炒鱼丝，就必须学会取鱼肉的方法。

第一步：去大骨（脊骨、头、尾）。将洗净的鱼平放在案板上，头向左，背朝外。操作者左手持毛巾按紧鱼头，右手握刀从尾部肉皮进刀紧贴脊骨推拉刀片到鱼头处退刀。抽出刀在鳃盖后用直刀切下带胸刺得半片鱼肉。再用同样的方法把另一面取下。

要点：左手一定要用力压住鱼头，刀面紧贴脊骨片进，尽量

使鱼骨上少带肉或不带肉。

第二步：去小骨。将一片带刺鱼肉的皮面朝下平放于案板上，背侧朝右，腹侧朝左，尾部朝外，左手压住胸部，右手握刀紧贴鱼的肋骨向左向下斜片至无骨处，然后立刀将鱼刺切下。另一半鱼肉也按此法片下胸刺。

要点：片胸刺时，刀刃应紧贴胸刺片进，尽量做到鱼肉上不带小刺。

第三步：去鱼皮。将一片鱼肉皮朝下平放在案板上，鱼头部分朝外，鱼尾朝里，左手指拉住鱼皮抵在菜板外缘，然后右手握刀在鱼尾端用立刀切至鱼皮处后，把刀转为坡刀向前批进至于鱼肉与鱼皮完全分离，即可得净鱼肉。另一半鱼肉也按此法取下鱼皮。

要点：直刀切时要用力适度，千万不能切断鱼皮；批鱼皮时，左手应用力往后拉，右手握刀用力向前推。这样才能顺利剔下鱼皮；要根据菜的要求去皮和不去皮。如剁鱼泥、切鱼片、切鱼丝就需要去皮。而做水煮鱼、酸菜鱼、菊花鱼则不能去皮。

6. 巧去苦胆味

宰鱼时如果不小心弄破了苦胆，鱼肉就会发苦，影响食用。鱼胆不但有苦味，而且有毒，经高温蒸煮也不会消除苦味和毒性。其去除方法是：在沾了胆汁的鱼肉上涂抹一些白酒、小苏打或发酵粉，然后用手指轻轻揉搓一会，再用清水漂净酒味或碱粉，苦味便可消除。

7. 巧抽鲤鱼筋

鲤鱼的皮内两侧各有一条似白色的筋，在初步处理时一定要把它抽出。一是因为它的腥味重；二是它属于强发性物（俗称“发物”），特别不适于某些病人食用。抽筋时，应在鱼的一边靠鳃后处用直刀切下至鱼骨，掰开刀口，见鱼肉上有一点白便是白筋，用手指捏住，另一只手轻拍鱼的表面慢慢即可拉出。另一侧也按此法抽出，即可。

8. 鳝鱼

其方法有两种：一种是先将鳝鱼摔昏，然后用尖利的小铁锥把头定在砧板上，再用锋利小刀从头下腹部至尾划一刀，挖去内脏，充分洗涤干净，即可。这种方法适宜于带骨烹调的菜品，如珍珠竹节鳝、红烧鳝段等。另一种是先将鳝鱼摔昏，然后用尖利的小铁锥把头定在砧板上，再用锋利小刀从头下边紧贴膳鱼的脊骨从头拉到尾，令脊肉与脊骨分离，腹部的肉必须连着，再用小刀从头下边把脊骨切断转平刀划至尾起处脊骨，然后去肠脏和头尾，洗净即得净鳝肉。如小鳝鱼应先用水煮熟，再按此法取肉。

9. 甲鱼

将活甲鱼腹部朝上，盖朝下放在案板上，待它的头伸出来时，迅速用刀将头砍下（或将甲鱼盖朝上置于案板上），用重物压住甲鱼盖，左手再压在上面，迫使其头伸出，右手拿钳子夹住甲鱼的头使劲拉出甲鱼脖子，用刀剁下头）。然后用手拿起甲鱼使头腔朝下，控净血，放在已烧开的沸水锅中烫约 1 分钟，捞出来放在有温水的盆中，用小刀刮去甲鱼表面和腿部的黑膜，并刮去腹部的白膜，再用小刀沿着锯齿形的盖划开，揭去甲鱼盖，去净内脏，剁去爪尖，用凉水冲洗干净，即可用于正式烹调。

宰杀时应注意两点。一是应根据甲鱼的老嫩掌握好开水烫的时间，嫩甲鱼时间短一些。反之，时间长一些。千万不要烫的时间过长，否则，甲鱼表面的黑膜不易刮开。二是刮黑膜时用刀要轻，不能划破裙边。

10. 鳗鱼

鳗鱼的初步加工要根据菜肴的要求去进行初步加工，通常有 3 种方法。

第一种：从背部横向下刀切成连刀段。详细方法是：把鳗鱼放在案板上，用刀在鳗鱼的头颈处切开一刀口，放净血后，投入

到装有80℃的热水中烫一下，拿出来用刀刮去表面的黏液，再用清水洗净，揩干水分，然后从背部横向下刀，切成1.5～2厘米的连刀段，最后抠去内脏，洗净血污，即可。

要点：用刀在颈部切刀口时，力度要适中，不能把头切下来，否则，会影响成菜的造型；刀工处理时，腹部一定要连着。

第二种：直接横刀切成段。详细方法是：先把鳗鱼的头剁掉，然后抠去内脏，并放到热水桶里烫掉黏液，揩干水分，切成3～5厘米长的段即可；也可先把鳗鱼的腹部划开，挖去内脏，再经过烫洗、改刀。

要点：切断的长短要根据菜肴的要求而定。切好段后，还可在其表面均匀地拉上一些刀口，不仅美观，而且容易入味。

第三种：从背部顺向划开去骨取肉。详细方法同鳝鱼取肉法一样。

二、虾、蟹、贝及其他

1. 虾

（1）带壳虾的加工。虾有多种类型，应根据烹制菜肴的需要进行初加工：如制作“红烧大虾”“盐水虾”之类的菜品，用的虾是带壳的，初步加工时应先用剪刀去虾须，接着在头部剪一小口，用牙签挑出沙包，再剪开脊梁，挑去泥肠，冲洗干净便可。

（2）取虾肉的方法。若用虾肉做原料，如“炒大明虾”“清炒虾仁”都用虾肉。取虾肉的方法有两种：一种是挤，此法一般用于小虾，即一手捏住头，一手捏住尾，将虾身背颈部一挤，虾肉（即虾仁）便脱壳而出。另一种是剥，此法一般用于身大的虾，先剪去虾须，去头、尾和壳，再顺脊背拉一刀，剔除虾肠，洗净即可。可将虾煮熟再剥出虾肉。

要点：用于取虾仁的河虾应该是鲜活的，但鲜活河虾胶质多，出肉比较困难，则可以现在虾体上洒些冷水盖上湿布捂一捂，让虾死后，体质转白离壳就易于挤出虾仁。如果用淡明矾水浸泡较短的时间，再挤虾仁，其效果更好。

（3）小龙虾的初加工。应先将小龙虾两边的鳃剪掉，挑出沙包，再剪开脊背，抽出肠子（即背部白筋），然后洗净即可。

（4）冷冻海虾仁的洗涤。首先将其解冻，浸泡在饱和浓度的食盐水溶液中（加盐于水中，一直加到不溶解为止，为饱和溶液），再用手顺一个方向不断地搅拌，至海虾仁筋膜脱落为止，虾仁即呈现玉白色，这段过程约20分钟。然后，用清水将海虾仁冲洗干净，除去筋膜，加干淀粉（每500克虾仁加100克淀粉）和少量清水搅和，静置半小时，再用清水反复漂洗干净之后，放入少量清水中泡一段时间，海虾仁即可恢复到原有的形态。

2. 螃蟹

（1）螃蟹的洗涤。螃蟹胃肠道内含有大量病菌和毒素，如果不注意卫生和煮熟，就会引起中毒，甚至危及生命。因此，吃螃蟹前必须进行一次初加工。就是要将螃蟹投入淡盐水中，待一段时间，促使体内污物排出，再放入清水中洗净，边洗边用毛刷擦干净。刷洗时不要冲击到蟹肉，以免鲜味流失。

（2）剥取蟹肉的方法。要想使蟹肉出得好出得净，其方法是：先将洗净螃蟹上笼蒸熟，取出晒凉，用刀切下肚挤，剥开蟹斗，去肚污、鳃，刮下蟹黄；再用刀将蟹的2只大脚和8只小脚斩下待剥。然后用刀沿蟹身将蟹劈成两半，用竹签剔下蟹肉，接着再把2只大脚放在案板上，用刀背轻轻敲拍，剥去外壳剔出蟹肉，把8只小脚用剪刀剪去脚尖，用小圆木棍滚压挤出蟹肉。至此，蟹肉全部剥完。

3. 蚶子

将蚶子放在加有少许盐的清水中喂养1～2天，让其吐尽泥

沙，将刀由蚶出水孔处插入，沿壳向中一端推进，割断壳上闭壳肌，再把另一闭壳肌割断，摘去边缘，由中间片开相连，再片去内脏、黄，洗净即成。

4. 海螺

海螺的初步加工分为生取肉和熟取肉。

生取肉：将海螺壳砸破，取出肉，掐去螺旋，揭去螺头上的硬质胶盖，抠去螺黄，用盐和醋搓去黏液，清水洗净便可。生取螺肉色泽淡黄，质地紧密脆嫩，出肉率较低。

熟取肉：将洗净的海螺放在冷水锅中煮，待肉壳分离时捞出，用竹筷旋转挑出螺头和螺旋，揭去螺盖，抠去螺黄，清水洗净即可。熟取肉虽然出肉率高，但肉色灰白，质地糯软。

5. 鲜活鲍仔

将鲜活鲍仔放在案板上，用小刀沿鲍鱼边缘旋转一周，取出鲍肉，放在淡盐水中用小刷刷洗污物，备用；鲍仔壳放在含碱5%的水中，用毛刷刷净，入开水中煮过，捞出控尽水备用。

6. 鲜蛏

鲜蛏外具贝壳，内含泥沙，必须先进行初加工以去除外壳、泥沙，常用的方法有两种，其一，将活蛏放于2%的盐水中，静养1～2天，待其自行吐尽泥沙后捞出，放入开水中煮至蛏壳张开，捞起，剥出蛏肉。反复洗净，即可。其二，将活蛏外的泥沙洗净，用小刀将壳剥开，铲下蛏肉。再用小刀刨开蛏肉，刮去细沙，用冷水漂洗3～4次至泥沙洗净即可。

7. 鲜活牡蛎

将鲜活的牡蛎买回后，应先用小铁锤将连在一起的牡蛎敲开，再用细刷子将其外壳上的泥沙洗干净。然后用尖刀插入其缝中，将牡蛎分开成两半，没连肉的那一半弃之不用，留下连肉带壳的那一半，根据菜品的不同食法，可分为两种加工方法：第一种是生吃类。用钳子先将牡蛎壳修成较为规则的圆形，再用冷水冲净备用。第二种是熟食类。将牡蛎肉从壳上用小刀取下来，用清水漂洗干净，沥干水分即可。

8. 鲜活蚌仔

蚌仔可食部位主要为其吸水管。初加工时将蚌仔洗净，撬开壳除去内脏（或敲破壳除去内脏）及裙边原条，顺长在吸水管划一刀，洗净，放在80℃的热水中烫一下，褪去外皮，然后取肉清洗干净，备用。

要点：①去内脏后的蚌仔入热水中烫一下，能将外皮顺利脱下，这样可最大量地取出蚌肉。②在吸水管顺长划一刀，再经洗涤，蚌肉上的沙粒便容易去除。③有人认为蚌仔内脏也铜棒肉一样鲜美，用于制菜。其实此举不可取，因为，其内脏含有红潮毒素，人体吸收多了，可能会发生食物中毒。

9. 鲜鱿鱼

将鲜鱿鱼外面一层薄膜撕净，从头体上摘下鱿鱼的头腕，并带出内脏，再将内脏从鱼的头腕上摘掉，挤出两眼，去掉鱼嘴软骨，浸没于清水中，用手撕开或剖开，摘去角质内壳，充分洗净污物，即可进行下一步的刀工处理了。

10. 鲜墨鱼

市场上供应的鲜墨鱼分为两种：一种是经过剥皮加工的鱼肉，色泽洁白；另一种是带皮的鲜墨鱼。前者价格要贵一些。其实，自己动手加工并不难，方法是：把带皮的鲜墨鱼买回后，先放在水中浸泡，漂掉墨汁，再用剪刀剪开肚皮，取出骨头和眼珠，用手慢慢撕剥，去掉墨鱼外面的一层薄膜（即皮），就呈现白色的墨鱼肉了，然后用清水洗净，即可。

11. 鲜章鱼

用刀切开或用剪刀剪开章鱼的腹部，剥去外衣，冲洗干净即可。在清洗时，若不小心把鱼胆弄破了造成鱼肉的发苦，只要用少许食用苏打粉抹在有胆汁的鱼体处，再用清水冲洗干净，就什

么问题也没有了。

12. 海蜇

从市场上买回来的海蜇一般带有泥沙，必须清洗干净，否则会影响菜肴的质量。其方法是：将海蜇皮平摊在案板上切成细丝海蜇头片成薄片，泡入5%的盐水中，用手搓洗片刻，捞起，将盐水倒掉，再用盐水泡，如此连续3～5次，就能把夹在海蜇里的泥沙全部洗净。

13. 鲜活海参

将鲜活海参放在干净在案板上，腹部向右侧，左手轻压住海参表面，右手持小刀顺长从海参嘴部行刀，把海参一切为二。接着割去沙嘴，在切开海参的内面均匀地切上多十字花刀，注意刀口不要太深。把海参翻转后，用坡刀片成抹刀片，同少许白糖抓拌均匀，投入到温水锅里汆一下，速捞出沥水，用冰水泡住，备用。

14. 水发海参去涩的方法

有时候从超市买回来的水发海参，或自己发的不好的海参有苦涩味。其原因是海参生活在海底，以食用微生物为主。有些海参体内混有大量微灰粒（切开可见白色），苦涩味即源于此。烹调前如不去除，则很难下咽。其去除方法是：用25克醋精加50克开水调匀，纳入500克不发海参拌和，见海参收缩变硬时，换清水浸泡2～3小时，至海参还原并无醋味和苦涩味，沥净水待烹。

第三节　家禽类原料的初步加工

一、活鸡的初步加工

（1）割鸡喉放血。一手抓住鸡翼，用小指钩着一只鸡脚，大拇指和食指捏鸡颈，使鸡喉管突出，迅速切断喉管及颈部动脉。持刀的手放下刀，转抓住鸡头，捏鸡颈的手松开，让鸡血流出。

（2）褪毛。鸡死后，把它放进热水中烫毛。烫片刻后取出，拔净鸡毛。烫毛时，应先烫鸡脚试水温。若鸡脚衣能轻易脱出，说明水温合适；若脱不出，则是水温太低；若脚变形，脚衣难脱，就是水温偏高。水温合适时再烫全身，烫毛水温一般可掌握在65～70℃（活鸭75～80℃）。

（3）开腹取内脏。在鸡颈背处切开一个3厘米长的小口，取出嗉囊、气管及食管。将鸡放在砧板上，鸡胸朝上，用手按住鸡腿，使鸡腹鼓起，用刀在鸡腹上顺切开口，掏出所有内脏及肛门边的肠头蒂（屎囊），在鸡脚关节稍下一点的地方剁下双脚。

（4）洗涤。将鸡全面冲洗干净即可。

要点：割喉放血位置要准确，刀口越小越好，确保顺利放血和鸡（鸭）迅速死亡。要把血放净，否则，肉中带血，影响肉体的色泽。鸡断气后，立即用65～70℃的热水烫，边烫边翻拔毛。烫的时间不能过长，否则，影响鸡肉鲜味，水温过低不易拔毛，水温过高会把皮烫烂。挖出内脏时，一定要将肺出干净；肛门处一粒大如黄豆的屎巴要割去，避免带有鸡屎味；并从腿部膝盖处斩下。鸡体及内脏的血水和污物必须清洗干净。

此加工方法同样适用于活鸭，但鸭子的毛较难去除，宰杀之前喂一些酒，可使其毛孔增大，便于去毛。

二、鸭掌的初步加工

将鸭掌洗净，放在开水锅中氽烫片刻，烫的时间不能过长，以能褪下老皮为度。捞出来，用手轻轻褪下掌上的老皮，然后再放到开水锅中煮到八成熟捞出。煮时千万不能煮烂煮碎，以断生和能到骨为度。接着用小刀从鸭掌背部划开，把鸭掌上的骨头抽出来，即可备用。抽骨时，既要抽净骨头，又要保持鸭掌完整不破。

第四节　畜肉类原料的初步加工

一、鲜猪肉的清洗

鲜猪肉上沾了赃物，难以用水清洗干净，如果用温淘米水洗两遍，再用清水洗，脏污即可除去；也可用一小团和好的面在脏肉上来回滚动，肉上的脏物便能很快除净。

二、咸肉的清洗

用浓度低于咸肉中所含盐分的盐水漂洗咸肉，咸肉中所含的盐分就会逐渐溶解于盐水中，最后再用清水漂洗两遍即可。

三、家畜内脏的清洗

（1）洗肚。把猪肚切成两半，将附在上面的油污杂物除净后，浇上一汤匙植物油，然后正反面反复揉搓，再用清水漂洗几次，便可。

（2）洗肺。将气管套在自来水管上，开小流量慢慢冲洗，直至肺叶呈白色。

（3）洗口条。先把口条浸泡在热水中，然后刮去舌苔、白皮，即可清洗干净。

（4）洗肠。先将肠子翻出，剔净油污后，加些碱面和食醋，反复揉搓后再用温水反复冲洗，即可除掉黏液和恶臭味。也可把肥肠半罐可乐腌半小时，再用淘米水搓洗，能迅速洗去大肠的异味。

（5）洗心。将其放入清水中，边洗边用手挤压，迫使内部污血流出，方可洗净。

（6）洗肝。先用少量面粉揉搓表面一会，再用清水反复漂洗，便可去净污秽和异味。

第五节　干货原料的发制

烹调中使用的干货原料，必须经过比鲜货原料加工时更为复杂的处理过程，这个处理过程通常称为干货的发制，也叫涨发、发料。发制的目的是使干货原料重新吸收水分，最大限度地恢复原有鲜嫩、松软的特点，除去腥臊气味和杂质，使之便于切配和烹调，合乎食用要求，利于消化吸收。干货发质的主要方法有水发、油发、碱发、盐发和火发 5 种，其中，最适宜家庭使用的是水发和油发。

一、海参

海参一般分为有刺参和光参两大类。其发制方法主要使用水发。发制时，可依原料性质的差异而不同。

皮包柔嫩的红旗参、乌条参、花瓶参等可用少煮多泡的方法。先用开水将海参浸泡 12 小时，换一次开水；待浸泡回软后，剖开腹部，去除内脏和杂物，洗净，放入开水锅慢火焖 30 分钟，离火再泡 12 小时，另换清水烧开后，继续放在开水里泡住，如此 2 ~3 天即可发好。

外皮坚硬、肉质软厚的大乌参、灰参、岩参等，在用水涨发前需用中火将其外皮烧焦，再用小刀刮去烧焦部分，然后再按上述水发法焖煮发制，否则，不易发透。

海参发制时的关键。

（1）发制海参时所用的容器不能用铁质或铜制的。一般都是选用陶瓷或不绣铜器皿。

（2）在发制海参的过程中都不可沾油、碱、盐等成分。因为沾油、碱易使海参腐烂溶化，沾盐则使海参不易发透。

（3）发制海参时，要先用温水将其表面灰分洗净，再同冷水入锅，带起烧沸后，离火浸焖。浸焖的水温一定要掌握好，过低，不仅色泽欠佳，而且出数率低；过高，海参内部充分涨发，表面肉质易碎烂。

（4）涨发海参最好采用少煮多泡的方法，每次煮的时间仅为1～2分钟，然后就是长时间的浸焖。待水冷后，再上火煮约1～2分钟，离火浸焖。每煮沸一次，需换清水。

（5）海参发到五成软时，即可剖腹去内脏和杂物。如果等到海参完全涨发好才取内脏，则很容易把参体弄碎。

（6）在发制过程中，要勤检查，既要防止发不透，也要防止过于软烂。可陆续将发好的挑出浸泡于清水中备用。

（7）因海参在干制过程中常要用到石灰等物质，所以，每次浸焖后都要用流动水冲漂，以去除其异味。

（8）如发好的海参一次用不完，则继续用清水泡住且经常换水。如夏季天热，可放在保鲜盒内，加清水，入冰箱保鲜层保存。切忌入冰箱里冷冻保藏，否则，海参会变成蜂窝状，口感不佳。

二、鱿鱼干

将鱿鱼干放在小盆内，加入清水浸泡约数小时至回软后，清洗干净；接着，取适量食用碱放在小盆内，注入温水对成浓度为5%的碱溶液，放入鱿鱼浸泡数小时，见鱿鱼由淡黄色转玉白色（指新货），隔年鱿鱼呈浅棕红色，半透明，质糯而富有弹性，鱿鱼薄边用手指掐动即为发好。然后用清水冲漂净碱味，再用清水泡住待用。涨发时应注意以下几点。

（1）要掌握好碱液浓度、稀释碱液浓度，主要是减弱碱性对原料的腐蚀。碱性越强，腐蚀性越大。碱性过强会出现原料表面糜烂黏滑，肌里仍未发透，俗语说“皮焦心不烂”。从实际操作来看，一般以5%的碱溶液为好。

（2）要掌握涨发时间，过短，原料在碱溶液中不到位，质地形成不松糯、柔软、脆嫩、光滑晶亮，涨发率也不高；过长，吸水超标，原料肌体蛋白组织受碱性影响，致密度过分松弛，涨发后质地变得松、软、烂，表面出现裂痕，剞花刀时松软无弹性，容易断裂，更不易成卷筒状。

（3）由于鱿鱼干的质量不一，故在涨发时要勤观察，把涨发好的挑出，未涨发好的继续浸泡。以免出现涨发过头或涨发不透的情况。

（4）鱿鱼发好后，一定要用清水反复冲洗冲漂，以去尽碱分，否则，成品发涩，影响成菜口味。

（5）发好的鱿鱼用清水泡住，最好在一周内用完。若一时用不完，可用清水泡住存入0℃的冰箱中。千万不可结冰，否则，质量降低，口感不佳。

三、鱼肚

鱼肚是鱼鳔干制而成，有黄鱼肚、鲟鱼肚等。其发制方法有水发和油发两种。作者常用的是水油发方法。

第一步，油炸。将净锅置中火上，注入烹调油后，再把用温水洗过并沥干水分的鱼肚放入油锅中，左手握炒锅，右手持手勺不停地来回推动，随着油温的不断升高，鱼肚也开始由大变小，当鱼肚再由小变大时，一直保持此油温炸至恢复到原来的大小时，用手勺将鱼肚压入油中，见其自然漂浮捞起。此过程应注意以下几点。

（1）必须选干燥、无变质的鱼肚。潮湿的鱼肚应先烘干，否则影响油炸效果。

（2）用油务必选用清亮、无异味的色拉油、烹调油，否则，会影响鱼肚色泽鲜亮的效果。

（3）鱼肚应与冷油同时下锅，逐渐加热，使油温始终保持在三四成热之间。切忌油温过高，以免成品无筋力，泡发时易糜烂，也会降低成品出数率。

（4）当鱼肚由小变大时，应用手指沾点冷水洒入锅中。随着油温的劈啪声，鱼肚也会随着涨大。同时，还可降低油温，避免鱼肚炸上色。

第二步，水煮。将炸好的鱼肚放在汤锅中，加入清水煮沸后用温火焖煮约30分钟至鱼肚无硬心时离火，捞出。因为，用大火焖煮，鱼肚表面易煮至溶化但内部发不透，影响涨发质量。

第三步，碱水泡。将水煮好的鱼肚捞出沥干水分，放在小盆内，注入用开水对成的5%碱溶液，上扣一重物，待泡至鱼肚呈海绵状且富有弹性时即好。此过程应掌握以下几点。

（1）碱水的浓度不是一成不变的，应根据季节变化而掌握，一般是夏天的浓度比冬天的浓度小一些。

（2）要掌握好泡制时间。如过长，鱼肚发过了头，易糜烂破碎，口感松散无劲；过短，鱼肚涨发不透，影响出数率。

（3）鱼肚用碱水泡好后应马上捞出，否则，鱼肚中的蛋白质等物质长时间与碱水接触，会影响其品质。

第四步，水漂。方法是将碱水泡好的鱼肚放在自来水龙头下冲漂净碱分，然后用清水泡住，待烹。其一，注意必须把碱分除净，否则，成菜有涩味，口味欠佳；其二，如鱼肚一时用不完，可用清水泡注入0℃的冰箱中保存，但千万不可结冰，否则，口感松散无劲。

四、鱼骨

鱼骨因质地透明，又叫明骨。属海产“八珍”之一。这种软骨从鱼身上取下来后，用沸水烫至七成熟时立即捞出投凉，用小刀刮去骨上残肉，洗净血污和骨髓，最后晒干而成。鱼骨的主要营养成分是骨素，对人的神经、肝脏、循环系统都能起滋补作用。鱼骨在烹制前，必须经过较复杂的处理，即涨发，方法是：

用清水将鱼骨表面的灰尘洗去，沥干水分，装入碗内，加水（淹没没料），另放葱体段、姜片、料酒、连碗端入笼中蒸0.5～1小时，待鱼骨回软时取出，拣去葱段、姜片，再用清水浸泡24小时（中间换水一次），至鱼骨柔软透明、富有弹性时，再换清水浸泡备用。

涨发时需注意：因鱼骨大小老嫩有别，故蒸制的时间长短不一。其中，透明度强，色泽白亮的是嫩骨，蒸30分钟即可；反之，时间可长些，但也不宜太长，太长则鱼骨过于软烂，会影响菜肴口感。

五、鱼皮

鱼皮即经加工干制而成的鲨鱼皮。市售的鱼皮，有未褪沙的和已褪沙的两种。质量好的未褪鲨鱼皮，应是无沙的一面色泽透明洁白、无残肉；有沙的一面沙粒易除，呈灰色、青黑或纯黑色，且带有光泽。煺鲨鱼皮是拥有鲨鱼皮经褪沙处理而成的，以洁白透时者为佳。但不管那种鱼皮，都要求皮厚胶质多，无虫蛀，干燥，皮张整齐，刀伤痕口少，有光泽。

鱼皮胶质蛋白含量丰富，在烹制前必须经过涨发，以使其重新吸收水分，最大限度的恢复原有的鲜嫩松软状态，即方便切配和烹调，也利于食后消化和吸收。

在实际操作中，人们常采用水发法或油发法。笔者经多年的烹饪实践体会到，这两种发法的效果都不太理想。水发法虽然口感软嫩滑爽有筋力，但出数率低，一旦处理不当，还会有不少腥味；油发法虽然出数率高，但又不易除净沙粒，口感也不好。水抽发法比单纯的水发或油发法，更能适应不同的烹调方法，且能增加菜肴的花色品种。

水油发鱼皮色白无腥，口感软糯油润，爽口不腻，易于消化，可与发好的鱼肚媲美。下面将鱼皮的水油发方法做详细介绍。

第一步，水发。将未褪沙的鱼皮用温水浸泡约 10 小时至能褪沙时，用刮刀边刮边洗，除净沙粒和黑皮后洗净，改刀成手掌大小的块，再下入开水锅内煮约 10 分钟，然后另换热水浸泡，待全部回软后，捞出沥水，晾干。

注意：①刮沙粒时，用力要轻，速度要慢，以防划破鱼皮；②沙粒、黑皮应清除干净，以保证成品洁白透明；③泡软的鱼皮要完全晾干。

第二步，油发。净锅上火，注入烹调油，放入晾干的鱼皮，用手勺不停地翻动。当温油升到三四成熟，鱼皮表面出现气泡时，锅离火；待油冷却后，再将锅上火加温至五六成熟，视鱼皮块形变大并漂浮在油面上，用手勺敲打发出脆响或用手一掰即断时，则表明鱼皮已发好，迅速捞起控油。

注意：①鱼皮应同凉油一起上锅，逐渐加热，这样才容易发透；②油发时，应用手勺勤翻动鱼皮，一旦达到最佳效果时迅速捞起，千万不可炸过头。

第三步，碱水泡。鱼皮经过水发和油发这两个步骤后，还需加入碱水中浸泡。具体方法是：按 1 000克热水（60 ~ 80℃）加 25 克食用碱的比例调好碱水，将鱼皮投入碱水中，用重物压住，浸泡约 12 小时至鱼皮回炊无硬心时即好。

注意：①应掌握好碱水浓度和泡制时间；②因碱水腐蚀性脱脂的特点，故鱼皮用碱水泡发好后，应立即捞出。

第四步，清水漂。碱水泡好的鱼皮放在自来水龙头下反复冲洗数遍，再放入盆内，用清水浸泡 3 ~ 4 小时，如此反复三四次，直至鱼皮中的碱味全部除尽，最后用清水泡起待用。

注意：①在漂洗过程中，不可用力挤压，以免破坏鱼皮的形状；②一定要用清水反复冲漂，以除尽碱味；③发好的鱼皮不宜浸泡过久，以免腐烂变质。

六、鱼翅

鱼翅是宴会上的海鲜极品，为珍贵的烹调原料。随着社会的发展，鱼翅也进入了寻常百姓的餐桌上。由于其为干品，在烹调前必须经过发制这一过程。其方法是：

先将鱼翅薄片剪去，放在有冷水的盆中浸泡数小时，把上面的毛灰及杂质清洗净，纳盆，注入沸水，加盖焖至水冷，用小刀把鱼翅上的砂质刮去，洗净。放在竹篮内，随后入开水锅中。加盖以小火焖 4 ~ 6 小时，取出过凉水，去除翅骨和翅肉，取其翅须，放在一片竹箅子上，再盖另一片竹箅，然后用竹条固定，夹紧鱼翅，放在盆中，加入葱结、姜片、料酒和鲜汤。上笼蒸 1 ~ 3 小时，取出，换清水漂洗数次，即可备用烹调。发制时应注意以下几点。

（1）发鱼翅前，应先将干鱼翅大小，老嫩分开，以便分别掌握火候，防止小而嫩的已烂，大而老的尚未发透。

（2）鱼翅开始用冷水泡的目的是为了把表面毛灰、杂质清洗干净。其泡制时间一定要够。

（3）鱼翅用开水焖的目的是容易去除表面的沙粒。焖制时间应根据鱼翅的老嫩而定。老黄翅约 1 小时，嫩鱼翅需半小时，如除不净沙粒，可再用热水焖制，直至完全刮净沙粒。

（4）刮沙粒时用力要轻，以避免戳破鱼翅，沙粒进入内部，不容易清洗干净。

（5）鱼翅装入竹篮内焖煮的目的，这样可以避免开水翻滚时将鱼翅冲击破碎。焖煮时应按鱼翅的老硬、软嫩分开。焖制时间，老硬者需 5 ~ 6 小时，软嫩者 4 ~ 5 小时。

（6）焖煮好的鱼翅去掉渣和残肉时，动作要轻，慢慢抽去，

或用竹篮挑去，以保证其鱼翅完整无缺。

（7）鱼翅上笼蒸制时间用竹箅夹住，这也是为了避免鱼翅发制时间变形、散烂和发制时粘锅。其蒸制时间也要控制好，以免过于软烂，失去美妙的口感。

（8）鱼翅完全发好后，还需用清水反复漂洗，以彻底去掉腥味，但动作不要过猛，以免弄破鱼翅。也不宜在水中浸泡过久，否则易发臭变质。

（9）发制鱼翅时不能用铁锅和铜锅。因为鱼翅中的硫蛋白质遇到铁、铜会产生反应，生成硫化铁和硫化铜等化学物质，使鱼翅变色，表面出现斑点，影响成品质量。宜用不锈钢锅、上等的陶瓷锅发制，效果才好。

（10）在发鱼翅时也不要沾上油、盐和碱等调料，否则，也会发生化学反应，使鱼翅变色和表皮脱落，成形不美。

七、猪皮丝

猪皮丝即是把新鲜猪肉皮刮净残毛，经过浸泡、去油脂（指除掉猪皮上粘连的肥膘肉），再经片皮、切丝、晾晒、捆扎成把等工序加工而成的干制品。猪皮丝可称是一种营养丰富的烹饪原料。猪皮丝的涨发方法是：

油炸。净锅入一定量的植物油（约1 500克）上火，待烧至六七成热时，放入（如不干燥，要提前晾一会；如有灰土，要用清水洗净，晾干），用手勺略压，使油淹没，见皮丝开始膨胀时，拿手勺慢慢搅动，使皮丝在油中受热均匀，待发透（即全部膨胀而色发白且无响声）时，捞出控油，放入有适量开水的盆中，加少许碱，用筷子搅匀，待水凉泡软后，再加入些面粉，用手反复挤挫，然后再换温清水洗几遍，直至洗尽油和碱味，用清水泡在盆中即算发妥。在涨发过程中应注意以下几点。

（1）一般干货涨发都是凉油入锅，微火浸发，如鱼肚、蹄筋等。但是，猪皮丝则必须用热油炸，如此方法易发透而获得理想效果。

（2）油炸时的温度要恰到好处，实践证明，六七成热最佳。油温过高，则猪皮丝发黄，易出现焦煳的味道，且不容易发透；油温过低，皮丝也易完全膨胀。

（3）浸泡时，碱的用量要掌握好。碱多则短时间浸泡后，再换清开水，碱少则不易洗去油污。无论多少，都不能浸泡过长的时间，否则在碱作用下，猪皮丝会破碎糜烂，还会出现异味、损失原料。一般来说，250 克干皮丝油炸后，需用开水 3 500 克、食用碱 15 克浸泡，水上压一重物（多用盘子）淹没即可。

（4）泡发好的皮丝有油污、碱味。因此，一定要反复用温清水多洗几遍，否则，会影响到成菜的质量，且不便于存放。

（5）为使发好的猪皮丝成菜达到最佳效果，还需进一步去腥增香。具体方法是：将发好的猪皮丝控净水，视菜品或食用需要切成 2 ~ 6 厘米的段状，放入加有葱片、姜片、料酒的水锅中汆煮、浸泡，然后捞出，沥水。在做下一步烹调时，一定要拣去葱片、姜片。

八、鸡筋

鸡筋也叫鸡爪筋，雅称为“凤筋”，是经人工从鸡爪上抽出后干制而成的。其成品呈鸡爪叉开。圆条状，色白或淡黄，半透明。成品以个大完整、干燥、无霉变、无虫蛀、色白者为佳。鸡筋在使用前必须经过涨发这一过程，才可用于烹调。

鸡筋的涨发有油发和水发两种。油发鸡筋体积膨大，质地松软；水发鸡筋则富有韧性，口感爽滑、口感比油发效果好。在实际操作中多采用水发，其方法是：将鸡筋表面灰尘洗净，放在小盆内，加葱、姜、料酒和温水，用保鲜膜封口，上笼蒸约 30 分钟离火，继续焖 30 分钟至发透，取出，去掉葱、姜，用冷水冲

凉，同时，摘去附在鸡筋上的白色筋膜，洗净即可。

作者常使用的是水油发。方法是：将鸡筋放在二三成熟的油温中浸炸至浮起，捞出沥油，再用浓度为5%的热碱水泡发至透，然后冲漂净碱味，泡住待用。

九、合成鱼翅

合成鱼翅乃人们所说的假鱼翅。色泽金黄、粗细均匀，并具备天然鱼翅的部分口感特点。使用前也需经过发制这一过程。具体方法如下。

取合成鱼翅1盒，用温水洗净，再用低浓度温碱水泡5分钟，然后用温水漂洗两次，以去净碱分；取1只鸡腿、100克肥瘦肉、100克水发香菇，分别焯水投凉，待用。把合成鱼翅放在小盆中，加入清水淹没，再放上鸡腿、肥瘦肉、香菇、花椒、葱节、姜片、料酒、酱油和味精，然后上笼蒸半小时左右，即可烹调或晾冷存入冰箱备用。发制时应注意以下几点。

（1）合成鱼翅用碱水泡发的目的，促其涨发，洗净污物。低浓度碱水的配制比例为25克食碱加1 000克水。

（2）蒸制时间不宜过长，以八九成熟为宜，否则，烹调时易断易溶。

（3）蒸制鱼翅时加入鸡腿、肥瘦肉和香菇起增鲜作用。必须选取鲜品，且进行焯水处理。蒸好后的鸡腿等料，可另做其他菜用。如无，也可用肉骨头汤来蒸制。

十、猪蹄筋

猪蹄筋是连接关节的腱子，人工抽出后晒干而得。发制时用半油半水发效果最佳，具体方法如下。

（1）油浸。先将干猪蹄筋用清水洗去表面灰分，控干水分；接着把净炒锅置小火上，注入烹调油，放入蹄筋，用手勺不断地翻拌，随着油温的升高，蹄筋也随之发生一系列的物理变化。当油温升到三四成热时，蹄筋随之逐渐回软收缩，保持此油温 25 分钟左右至蹄筋开始膨胀变化呈原样时，即捞出控油。

此过程应注意以下 3 点：①要选用干燥、无变质的蹄筋。潮湿的蹄筋应先烘干，否则，影响油浸的效果；已变质或有异味的蹄筋则不宜采用。②用油务必选择清亮、无异味的烹调油、色拉油。若是未用过的植物油，则应事先在火上熬至冒烟，离火，经沉淀出去杂抽，晾冷后再用，否则，会影响蹄筋色泽洁白的效果。③蹄筋应与冷油同时下锅，逐渐加热，使油始终保持在三四成热之间，切勿过高，否则，蹄筋油浸起泡，不但容易损伤蹄筋的结缔组织，使成品口感筋力，而且泡发时易糜烂，也会降低成品出料。

（2）水煮。将经过油浸的蹄筋捞出，控干油分，放入开水锅中，加盖，用微火焖煮 20 分钟左右至蹄筋能用手掐断时捞出。为什么要用微火呢？这是因为蹄筋的结缔组织较为致密，只有通过长时间的微火焖煮，水分子才容易慢慢渗透到原料中，把蹄筋内的各种物质，如蛋白质、纤维等软化，致使其体积膨胀，增大，重新变为柔软而富有弹性的原料。

（3）碱水泡。猪蹄筋经过油浸和水煮这两个涨发过程还不够，还需要放入碱水中浸泡。其方法是：将 60 ~ 70℃ 的热水 3 000克注入盆内，加入食用碱 75 克搅拌均匀后，放入水煮过的蹄筋，用一重物压上，等泡至蹄筋回软无硬心，用手抓住一头，另一头侧会下垂即好。这一过程应注意以下 3 点：①一般夏天用的碱水浓度要小一些，冬天用的浓度应大一些。②要根据碱水的浓度掌握好时间，浓度大，泡发时间短；反之则长。不管怎样，时间切不能过长或过短。如过长，蹄筋发过了头，会造成糜烂破碎，口感松散无劲；过短，蹄筋涨发不透，影响出料率。③蹄筋碱水泡发好后应马上捞出，否则，蹄筋中的蛋白质，脂肪等物质

长时间与碱水接触，会影响蹄筋的品质，也造成了营养素的损失和浪费。

（4）水漂。对碱水泡发的蹄筋进行清水漂，有利于原料对水的进一步吸收，消除原料中的碱味，恢复原料的本味。方法是：将用碱水泡发软的蹄筋放入盆中，注入清水浸泡3～4小时，然后再换清水浸泡3～4小时，如此反复3～4次，直至把蹄筋中的碱味全部漂净，再用清水泡好待用。

十一、猪皮

现在大部分家庭都要将买回来的鲜肉剔去皮后食用，其实，把皮上的白肉膘剔除干净，切成小块，晒干后再用油涨发，烹调成菜，味道和口感甚佳，故在行业中有假鱼肚之称。其发制方法如下。

将晾干的猪皮用温水洗去表面灰分，晾干水分，同冷油放在锅中，上中火用手勺不停地推搅，待油温升至四五成热时，肉皮收缩变小，且又慢慢变大时，将锅离火或半离火保持油温不要升高或降低，直至炸至肉皮色泽淡黄且全部膨胀，用手一掰即断时，捞出控净油分，放在盆中，加入食碱和开水，扣上盘子，至水冷，肉皮也泡软并呈海绵状后，用温水反复漂洗至去净油污和碱分，最后换清水泡住，待烹。在发制过程应注意以下几点。

（1）一定要将肉与冷油同时入锅，见其变小又变大时，应将保持此油温炸至完全涨发。若油温过高，极易炸上色且不能炸至呈蜂窝状。

（2）如一次用开水泡不涨发，再用开水泡一次。

（3）泡好后，必须用流水反复冲漂以去净碱分。否则，会影响成菜的口味。

（4）发好的如一次吃不完，可用清水泡住，如冰箱冷藏室存放。切忌冷冻，否则，口感大打折扣。

十二、蛏肉干

将蛏肉干先用温水泡软后捞起，分开蛏肚和蛏鼻，放在有清水的盆中，用筷子顺一个方向不断地搅动，反复换水漂洗净泥沙。取50克食碱，放在一盆内，注入2 000克沸水稀澥成热碱水，待晾冷后，先纳入蛏肚浸泡约10分钟，再纳入蛏鼻浸泡。视蛏肉由灰白干转蜜黄色，蛏肉晶亮、薄片透明、富有弹性，即为发好。然后用流水反复冲漂净碱分，换清水泡住备用。发制时应注意以下几点。

（1）因蛏鼻部位肉质薄嫩，蛏肚肉厚质老。故应先把蛏肚用碱水泡一会儿后，再纳入蛏鼻泡发。使两者同时涨发。也可把两者分开泡发。

（2）要掌握好食碱与水的比例和发制时间。食碱与水的比例约是1∶40，以调好的碱溶液呈浓白色为好；发制时间以蛏肉透明、富有弹性为佳。若碱大时间长，蛏肉变得糜烂黏滑，不可食用，造成浪费；反之，蛏肉质硬不松糯。

（3）蛏肉发好后，要反复用清水漂净碱分。否则，会影响成菜的口味。

十三、干贝

将干贝用清水洗两遍，控干水分，装入碗（盆）中，加入清水淹没原料、葱段、姜片、料酒，入笼用中火蒸2小时左右，至外形完全不烂、手捻能成丝状即已发好。取出晾凉，拣去葱段、姜片、除去干贝外皮老筋，原汤浸泡，备用。

发制时要掌握蒸制时间，不要太长，否则，原料易碎烂，影响到成菜的质量。发干贝的水味道很鲜美，不要弃之，留作炒菜或煮汤用。

十四、香菇

香菇虽然好吃，但其菌伞内层有像鱼鳃一样的“鳃页”，里面藏着很多细小的沙粒，不易洗干净。因此，泡发香菇应讲究方法：将干香菇放在小盆中，先用温水把表面洗净，再倒入60℃的温热水浸约数小时至泡涨，然后换清水用手顺一个方向轻轻搅动约5分钟，让香菇的鳃页慢慢张开，沙粒就会徐徐沉入盆底，接着把香菇捞出，再换清水漂洗数次至去净沙粒，换清水泡住，备用。发制时要掌握以下几点。

（1）不宜用冷水和过热的水泡发香菇。冷水不易发透；过热的水会让香菇损失营养成分。

（2）洗涤时只能顺着一个方向搅动，切不可来回搅动。否则落下的沙粒又会随水浪重新卷入到鳃页里去，达不到清洗干净的目的。

（3）泡好的香菇不要泡得时间过长，否则，会使香菇的鲜味大大降低。

十五、木耳

木耳是菌类原料，目前，在超市出售的全是木耳的干制品，在正式烹调时需将木耳涨发后才能使用。其发制方法是：把干木耳放在小盆中，注入冷水泡住，静置数小时让其充分涨透，捞出来摘去根蒂，拣净杂质，换清水反复漂洗干净，再用清水泡住，备用。这个过程看似简单，但在发制时，也要掌握以下几点。

（1）必须用冷水泡涨。人们习惯用温水浸泡，甚至用沸水浸泡，想使其涨发速度快些。其实这是错误的。木耳在温水或沸水中虽可以加速涨发，但因为速度快，使木耳不能极大限度地吸水，涨发率自然会下降，木耳本身质感也受影响。虽说用凉水泡木耳涨发速度慢，时间长，但涨发率高，质感柔软而富有弹性。

（2）发好的木耳要用清水泡住，天冷时放置在常温下存放1周，但每天换一次冷水；若在炎热的夏天，每天需换两次冷水，放置在阴凉处，最好在1～2天内用完，时间过长，木耳会软糯、糜烂，失去弹性，存入冰箱保鲜室也可，但千万不能结冻，否则，也会影响口感。

十六、银耳

将银耳放在小盆内，注入冷水，上压一重物，让其静置数小时至充分涨透，择去硬心，分成小朵，换清水泡住备用。泡发时要掌握以下两点。

一是最好用冷水浸泡，这样不仅出数率高，而且口感也清脆；如果喜欢吃黏糊状胶质的银耳，就用热水泡发，但数量就减少了。

二是银耳泡好后，需用清水多洗几遍，以彻底除净灰分。

银耳随水温的高低，其质地会有软黏和清脆两种。

十七、猴头蘑

将猴头蘑放在盆中，注入冷水，使其吸收水分，恢复原状后，捞出来挤净水分，放在案板上，去掉硬老柄及污物，反复淘洗干净，再用开水泡约4小时，以去除黄水异味后，再次挤干水分，纳入盆中，加入葱段、姜片、料酒和高汤，上笼蒸1～2小时即可。发制时应注意以下几点。

（1）在泡发过程中，其中间应换几次清水。猴头蘑必须泡透，黄水出净。

（2）基部老柄、污物一定要去净，否则，影响菜品的质量。

（3）猴头蘑本身不具鲜味，蒸发时最好以高汤提鲜入味。

（4）对于人工培植的猴头蘑泡发要灵活，少泡勤泡，不要泡发过长，否则，易碎。

十八、金针菜

金针菜也叫黄花菜，有很高的营养价值，味道也很鲜美，但若泡不得法，则质地不佳，口感不好。正确的泡发是；将金针菜放在小盆内，注入温水将金针菜淹没，直至泡软后，除净硬梗，换清水漂洗几遍，即可。泡发金针菜时要注意以下两点。

一是必须用温水泡发，这样才能把金针菜的香味激出，发好的口感也佳。若用冷水发制，香味不易激出；若用开水泡，发出的金针菜不仅口味发涩，而且数率也低。

二是金针菜上硬梗应拣净，以免影响口感。

十九、玉兰片

将玉兰片放在盆内，注入沸水，加盖浸泡约 12 小时后，捞出同冷水入锅，煮开后 0.5 ~1 小时，捞在有冷水的盆中浸泡 12 小时，再同冷水入锅煮半小时，捞出过凉，用碱水浸泡 3 ~4 小时，换清水冲漂净碱味，再入开水锅中煮 10 分钟，捞出用冷水泡住，即可待烹。发制时应注意以下几点。

（1）碱与水的比例为 1 : 50。

（2）也可不用碱水处理，但煮、漂的时间更长，而且效果不如碱水处理过的玉兰片好，用碱水处理过的玉兰片更洁白、更饱满、更爽嫩。

（3）一定要把碱味漂洗干净。否则，会影响菜肴的质量。

二十、海带

市场上销售的海带多为干制品，夹有沙粒。人们食用时，一般都是先将海带用热水或凉水长时间泡，在搓洗到干净为止。这样，海带所含的碘等营养成分大部分都损失掉了。最好发制方法是：将干海带拆开，用手拿住一头上下抖动数次，以去除沙粒后，放入蒸锅中，用大火蒸制 30 分钟，接着将海带放入冷水中，再放入少许食醋，浸泡约 2 小时至没有褶皱完全泡涨，然后换清水漂洗净沙粒，即可得到又脆又嫩的海带。泡发时要注意以下几点。

（1）海带发好后，一定要用清水漂洗净沙粒，以免成菜后有嚼沙感，影响食用效果。

（2）发好的海带最好不要用热水再烫洗，否则，会生出黏液，影响质量。

（3）如当时泡发的海带食用不完，除在短时间内食用需存入冰箱外，最好再次晾干贮存。食用时用热水泡开即可。

二十一、腐竹

将干腐竹放在盆中，注入热水，用盘子扣住，让腐竹完全浸泡在水中，待泡数小时至内部无硬心时，用清水漂洗数遍，挤干水分，即可用之。如果当时不用，就用冷水泡着。若在炎热的夏天，每天要换一次清水，即便在冰箱贮存也是如此。泡发时要注意以下 3 点。

（1）因为腐竹干脆，硬挺，不容易沉入热水中，一定要用盘子或一重物扣住，让其充分浸泡在热水中吸足水分。

（2）要据腐竹质量的好坏使用不同的水温。质量好的要用热水或开水泡发，直至泡透；质量差的腐竹最好先用冷水泡软，再换热水泡透。如果直接用热水泡发，就会出现外表糊烂而内里还硬的现象。

（3）腐竹空洞多，泡发时吸水也多。故在每漂洗一次时要用手轻轻挤干水分，这样才有可能彻底去除豆腥味。

二十二、粉丝

把干粉丝放在小盆里，先用冷水泡软，再换 60℃ 以上热水

泡透，或直接用开水泡透，然后用冷水过晾，沥水即可。如果当时不用，就用冷水泡着备用。其发制过程看似简单，也很有学问，应掌握以下两点。

（1）粉丝的发制要根据其质量的好坏来掌握好水温。如果是质量好的绿豆粉丝，就直接用开水泡发，其时间以粉丝无硬心，用手抓起有弹力，且不断为好；如果是质量略次的玉米等类粉丝，弹性和拉力均没有绿豆粉丝好，就不宜直接用开水泡，就应先用冷水泡软，控尽水分，再注入热水浸泡至合乎要求。

（2）用开水泡时，要观察粉丝泡发的程度。待其泡好，立即用冷水过凉。因为，泡的时间过长，粉丝没有了弹性和拉力，极有可能成为糊状，致使浪费了原料。

二十三、粉皮

有的人在泡发粉皮时，认为用开水直接泡效果好，其实是不对的。如果用开水泡，不仅会外糊内硬，而且张与张还易黏结在一起。正确的方法是：把干粉皮放在小盆内，注入冷水泡着，上扣一重物不让其漂浮，待其泡至无硬心。如果是炖肉熬菜使用，捞出来便可改刀使用；倘若是凉拌，炒着吃，还必须从冷水中捞出来，根据烹调需要切条，或用刀切块（或用手撕成不规则的块），放在开水锅中煮至透明无硬心时捞出来，速用冷水冲漂至凉，换冷水泡住备用。发制时要注意两点。

（1）必须先用冷水泡，再用开水煮。煮制时应根据粉皮质量的好坏掌握好时间。质量好的绿豆粉皮煮的时间长一点；反之煮的时间就短一些。切不可煮的时间过长，以免烂糊，失去柔软筋滑的口感。

（2）用开水煮好后，立即用冷水投凉，以除去表面的淀粉黏液。这样，在炒制时不会出现粘锅结团情况；经凉拌后吃口才清利滑爽。

第六节 果品类的初步加工

一、鲜果品的正确洗涤法

先把鲜果表面泥土脏物用清水洗去后，再放在有清水的盆中，滴几滴餐具洗涤剂，搅拌一下，浸泡约10分钟，捞出后再用清水冲一下，沥干，即可放心大胆的食用。这是因为农药等有毒物质在生产过程中，要加入一些油性载体，以便喷洒和使用时能有效地黏附在农作物表面，达到杀灭害虫的目的。这些有毒残余附着物和其他病菌，光用清水是无法洗干净的。而餐具洗涤剂中含有多种活性物质和乳化剂，能把各种污渍和有害物质变成溶解于水中的乳化物，漂洗时随水冲走。

二、几种鲜果品的去皮法

1. 苹果去皮法

苹果最有营养的是贴在皮下的那部分，用刀削皮总是会把最有营养的部分一起削掉。怎样才能弥补这种不足呢？把苹果放在开水中烫2~3分钟，这时皮便可像剥水蜜桃那样撕下来。这样既去了皮，又保留了苹果的营养。

2. 柑橘去皮法

柑橘皮很难剥。欲剥柑橘皮时，先将柑橘洗净，放在桌上。用手按住转圈滚动数分钟，然后以蒂尾为中心，用刀顺着柑橘瓣向下划开柑皮，划的深度以划到柑肉为好。这时，只要用手轻轻一剥，皮肉即可分开。

3. 鲜桃去皮法

将鲜桃放在滚水中浸泡约1分钟捞出，再浸入冷水中，皮就会很容易剥下。

4. 葡萄去皮、去籽法

将葡萄洗净后放在小盆内，注入烧滚动的沸水，浸泡一会，葡萄皮就很容易撕下来了。然后，再用牙签把籽剔出即可。

三、干果品的去皮去壳妙法

1. 核桃仁去皮法

把去了壳的核桃仁投入开水锅中滚烫 4 分钟，捞出后只要用手轻轻一捻，就能把皮剥下。

2. 板栗去皮法

用菜刀将每个板栗切一个小口，然后加入沸水浸泡，约 1 分钟后即可从板栗切口处很快的剥出板栗肉。

3. 莲子去皮法

莲子是上等补品，但剥莲子衣很费事。有一妙招可简便易行地除去莲子衣：锅中倒入清水 1 000克，用大火烧开。一并加入食用碱 25 克，搅拌均匀，将锅从火上移开，放入干莲子 250 克，盖好锅盖，焖几分钟。然后用干净刷子对锅中的莲子反复推擦搅动几次，保持匀速进行，直至莲子皮剥干净（动作一定要快，因为，时间一长，莲子涨发，皮就不易脱掉），用凉水反复冲洗干净后，再用牙签或细针捅掉莲子心即可。

4. 大枣去皮法

将干的大枣先用清水浸泡约 3 小时，再放入沸水锅中煮沸至大枣完全发胀后，将其捞出，便可容易去皮。

第三章 烹饪勺工

勺工由翻锅动作和手勺动作两部分组成。通过翻锅和手勺的密切配合，使原料达到受热均匀、成熟一致、挂芡均匀、着色均匀的目的。

第一节 翻锅的基本要求

翻锅的动作比较复杂，也比较多变，要完成一套完整的动作，除了要做到心里充分准备，注意力非常集中，严格做好各项动作的协调配合以外，还要达到如下要求。

一、协调一致

主要是指在完成每一项动作时，都要做到心与手一致、眼与手一致、两手之间要一致，只有心、眼、手密切配合，两只手协调一致，才能将整个动作完美地做出来。

二、清爽利落

就是在翻锅的过程中，该翻就翻，决不要翻而不过或翻出锅外；两只手要密切配合，决不要动作不一致，不协调；在装盘过程中要充分装勺、装盘，决不要拖泥带水。

三、配合烹调

翻锅不是一种程式，也不是固定不变的翻法。要求我们在翻

锅的时候应密切联系锅中的菜肴，不同的菜肴应该使用不同的翻锅方法，即使方法相同，那么翻锅的力度也应该有所区别，具体情况具体对待，不应呆板。

四、利于表现

翻锅是一项基本技能，更是一项表现艺术，从翻锅的推、拉、送、扬、晃、举、颠、倒、翻等一系列动作来看，确实是一项综合的表现艺术，从这方面来看，就要求操作者能够连贯地、规范地完成各个动作要领，要流畅，要赋予该项基本技能以特定的表现力。

第二节　勺工的站姿和端锅

一、站姿的训练

1. 站立姿势的基本要求

正确的站立姿势不仅要站得直，站得自然，站得规范，而且要达到动作优美、操作自然和减轻劳动负荷的目标，长期锻炼以后，不仅能掌握一项牢固的基本技能，而且能够保持身体健康，增强体魄，为完成更加繁杂的工作，奠定良好的基础。

2. 正确的站立势姿

身体自然站直，两脚自然分开（呈八字步或稍息步），与肩保持同宽，面向灶台，上身略前倾，集中精力，注意锅中菜肴的变化（图 3－1）。

3. 站立姿势的训练目标

在训练之初，往往以“四点一线”作为训练目标，即选择一面墙壁作为参照面，使脚后跟、臀、背和头部成一条直线。坚持一段时间以后，可以变通一下再行训练。

（a）八字步　　（b）稍息步

（c）上身略前倾

图 3－1　勺工的站立姿势

虽然要求以“四点一线”为目标，但是在具体的训练当中，动作不要过分呆板，应该尽量贴近该目标，并且尽可能地保持规范、自然、轻松，这样有利于动作的舒展和动作的完成。

二、端锅的训练

1. 端锅的基本要求

正确的端锅要求身体正直，不偏不歪，自然曲肘 90°，将锅端在自己的正前方，锅要端得平稳，而且要有一定的耐力，能坚持一段时间不变形。

2. 端锅的方法

依据锅的种类不同，端锅的方法也有一定的差异。就单把炒锅来说，正确的端握姿势为面对炉灶，上身自然挺起，双脚分开，与肩同宽站稳，身体与炉灶相距 15 厘米。左手掌心向上，大拇指在上，四指并拢握住锅柄（图 3－2）。

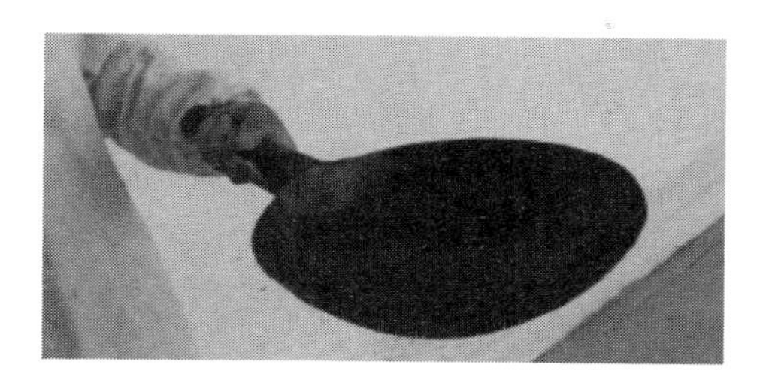

图 3－2　端握单把炒锅的姿势

3. 端锅的操作要领

（1）动作正确。单锅用左手握住锅把，双耳锅用左手的大拇指勾住锅把并用其余四指托住锅身，将锅置于胸前大约 15 厘米处。

（2）持锅平稳。锅应平稳地端于正前方，不能歪，也不能斜。

（3）力度适中。应根据锅的重量和自己的力量，使用适中的力度将锅托住，不要举得过高，也不能被锅累得下沉。

（4）耐力恒定。要将锅托住，端稳，端平放于正前方，并能够坚持数分钟而不变形。

第三节　翻锅的技术方法

翻锅也称翻勺。在烹调过程中，要使原料在炒勺、成熟一致、入味均匀、着色均匀、挂芡均匀，除了用手勺搅拌以外，还要用翻勺的方法达到上述要求。实践中我们往往根据原料形状不同、成品形状不同、着芡方法不同、火候要求不同、动作程度不同等因素，将翻勺技术划分为小翻勺、大翻勺、晃勺、悬翻勺、助翻勺几种。

一、小翻勺

小翻勺是一种常见的翻勺方法，它主要适用于数量少，加热时间短，散碎易成熟的菜肴。具体方法是：左手握勺柄或锅耳，利用灶口边沿为支点，勺略前倾将原料送至勺前半部，快速向后拉动到一定位置，再轻轻用力向下拉压，使原料在勺中翻转，然后再将原料运送到勺的前半部再拉回翻个，如此反复做到勺不离火，敏捷快速，翻动自如，使烹制出的菜肴达到质量要求。

例如，用爆法制作的“宫保鸡丁”这类菜肴是着芡调味同时进行，制作时必须用小翻勺的技法来完成，使菜肴达到入味均匀，紧汁抱芡，明油亮芡，色泽金红的效果（图 3－3）。

图 3－3　宫保鸡丁

又如“清炒肉丝”原料入勺后用小翻技法不停地翻动原料并随之加入调味品，使肉丝受热入味均匀一致，成品达到成鲜软嫩的质量要求。

再如“红烧排骨”，主料在加热成熟过程中用小翻勺的技法有规律地进行翻动，勾芡时也要用小翻勺的技法淋入水淀粉，边

翻动主料，使汤汁变稠分布均匀，达到明油亮芡的最佳效果。

二、大翻勺

大翻勺是将勺内原料一次性做180°翻转，也就是说原料通过大翻勺达到“底朝天”的效果，因动作和翻转幅度较大而称为大翻勺。其方法是左手握勺柄或锅耳，晃动勺中菜肴，然后将勺拉离火口并抬起随即送向右上方，将勺抬高与灶面成60°～70°角，在扬起的同时，用手臂轻轻将勺向后勾拉，使原料腾空向后翻转，这时菜肴对大勺会产生一定的惯力，为减轻惯力要顺势将勺与原料一同下落，角度变小接住原料。上述拉、送、扬、翻、接一整套动作的完成要敏捷准确协调一致，一气呵成，不可停滞分解。

大翻勺适用于整形原料和造型美观的菜肴，例如，“扒”法中的“蟹黄扒冬瓜”将冬瓜条熟处理后，码于盘中，再轻轻推入已调好的汤汁中用小火扒入味，勾芡后采用大翻勺的技法，使菜肴稳稳地落在勺中，其形状不散不乱与码盘时的造型完全相同。

类似于这样的菜肴非大翻勺莫属。又如“红烧晶鱼”，主料烧入味勾芡后同样采用大翻勺的技法，将鱼体表面色泽，刀工，汁芡最完美的部位展示给客人（图3－4）。

三、晃勺

晃勺方法是左手握勺柄或锅耳，通过手腕的力量将大勺按顺时针或逆时针进行有规律的旋转，通过大勺的晃动带动菜肴在勺内的转动，它适用于扒菜、锅塌菜和整个原料制作的菜肴。

菜肴通过晃勺可达到：①调整勺内的原料受热，汁芡，口味，着色的位置使之均匀一致，避免原料煳底。②由于晃勺的作用，使淋入的明油分布更加均匀，减少原料与勺的摩擦，增强润

图 3－4　红烧晶鱼

滑度。③由于晃勺产生的惯力使原料与大勺产生一定的间隙（用肉眼难以观察到）为大翻勺顺利进行奠定了基础。④由于勺与主料产生摩擦使部分菜肴的皮面亮度增强。

例如，“五香扒鸡”将蒸熟入味的整鸡皮面朝下入勺内煨制，勾芡时边晃勺边沿原料边缘淋入水粉汁使汤汁浓稠，芡汁分布到各个部位，然后淋明油晃勺调整位置，把握时机大翻勺，使色泽金红明亮的皮面朝下拖入盘中，其形其色甚是美观（图 3－5）。

四、悬翻勺

悬翻勺的方法是左手握勺柄或锅耳，在恰当时机将大勺端离火源，手腕托住大勺略前倾将原料送至勺的前半部。向后勾拉时前端翘起与手勺协调配合快速将原料翻动一次。由于勺内原料翻动及整套动作均在悬空中进行，所以，称悬翻勺。这种方法适用于一些特殊菜肴和盛菜时使用，以保证菜肴火候，装盘和卫生质量的要求。

例如，“拔丝土豆”，土豆挂糊炸熟后投入熬好的糖浆中，快速将大勺端离火源，采用悬翻的技法不断翻动原料，使土豆个

图 3－5　五香扒鸡

个挂满糖浆，达到质量要求（图 3－6）。

图 3－6　拔丝土豆

类似这样的菜肴若选用其他翻勺方法势必要造成主料挂不匀糖浆或糖浆变红发苦，失去拔丝菜的特色。

还有用“爆”“炒”“熘”等方法烹制数量较少的菜肴，盛菜时多数采用悬翻的方法，具体方法是在菜肴翻起尚未落下的时候，用手勺接住一部分下落的菜肴放盘中，另一部分落回大勺内如此反复地一勺一勺地将菜肴全部盛出。

五、助翻勺

助翻勺的方法是左手握勺柄和锅耳，右手持手勺在炒勺上方里侧，在拉动大勺翻动菜肴的同时，用手勺由后向前推动原料使之翻动，这种方法应用在数量较多，用其他方法难以翻动的菜肴中以及配合小翻、悬翻技法的有效实施。

例如，制作“十盘香辣鸡”，由于数量多，很难将鸡块翻动，这时往往要采用助翻的方法来完成，使菜肴达到受热，入味均匀，成熟一致，汁匀芡亮的效果。

除此之外，翻勺技术还有前翻勺、转勺、左翻勺和右翻勺等等，哪一种翻勺方法更合适，要因菜、因人、因环境等要素来决定。有些菜肴在烹制时用一种翻勺方法很难达到最佳效果，必须要用几种方法密切配合，如大翻勺必须与晃勺有机地结合，小翻勺、悬翻勺要与助翻勺巧妙地搭配等等，只有灵活使用不同的翻勺方法，才能使烹制出的菜肴达到质量标准。

第四节 手勺的技术方法

手勺是烹调中搅拌菜肴、添加调味品、舀汤、舀原料、助翻菜肴原料、盛装菜肴的工具。一般为熟铁或不锈钢材料制成，其规格分为大、中、小3种型号。根据烹调的需要，选择使用相应的手勺型号。

一、握手勺的手势

1. 操作过程

右手食指前伸（手勺背部方向），指肚紧贴手勺柄，大拇指伸直食指、中指弯曲，合力握住手勺柄后端，手勺柄末端顶住手心（图3－7）。

图3－7　握手勺的姿势

2. 操作要领

握稳手勺，牢而不死，用力、变向要做到灵活自如，动作舒展。

二、手勺的操作方法

手勺在操作过程中，可分为拌、推、搅、拍、淋等5种方法。

1. 拌法

在烹制炒、煸等类菜肴时，原料下锅后，先用手勺直接翻拌原料，将其炒散，再利用翻锅技法，将原料全部翻转，使原料受热均匀。

2. 推法

当对菜肴勾芡时，用于勺背部或手勺口前端，向前推动原料或芡汁，扩大其受热面积，使其受热均匀，成熟一致。

3. 搅法

有些菜肴在即将成熟时，往往需要烹入碗中兑好的芡汁或味汁，为了使芡汁均匀包裹住原料，要用手勺口侧面搅动，使原料、芡汁受热均匀，并使其融合为一体。

4. 拍法

在烹制扒、熘等类菜肴时，先在原料表面淋入水淀粉或汤汁，接着用手勺背部轻轻拍摁原料，使水淀粉向四周扩散，渗透，使之受热均匀，致使成熟的芡汁均匀分布。

5. 淋法

淋法是烹调菜肴重要的操作技法之一，是在烹调过程中，根据需要用手勺舀取水、油或水淀粉，慢慢地将其淋入锅内，使之分布均匀。

第四章　烹饪刀工

刀工是每名厨师必须熟练掌握的基本功，能否运用刀法技巧使菜肴锦上添花，反映了一名厨师的技术水平。

第一节　刀工的基本要求

刀工是根据烹调和食用的需要，将各种原料加工成一定形状的操作技术。

一、整齐划一

无论切配什么原料，无论是将原料切成丁、丝、条、块等何种形状，都必须大小相同、厚薄均匀、长短整齐、粗细相等，不可参差不齐。如果大小不等，厚薄不均，烹制时小而薄的原料已熟，大而厚的原料还生，调味也难均匀，这样就会影响菜肴的质量。

二、干净利落

在进行刀工操作中，不论是条与条之间、丝与丝之间、块与块之间，都不能有连接，不允许出现肉断筋不断，或似断非断的现象。否则，同样影响菜肴的质量，也影响菜肴的美观。

三、适应烹调方法的需要

原料切配成形要适应不同的烹调方法。例如爆、炒等烹调方法，所用的火力较大，烹制时间较短，要求成品脆、嫩，为了入味和快速成熟起见，原料宜切制得薄小一些。炖、焖等烹调方法所用火力较弱，烹制时间较长，成品要求酥烂入味，为防止原料烹制时碎烂或成糊，则需将原料切得厚大一些。

四、适应原料的不同性质

各种原料由于质地不同，在加工时也应采用不同的刀工处理。例如，同是块状，有骨的块要比无骨的块小些。同是切片，质地松软的就要比质地坚硬的厚一些。同是切丝，质地松软的就要比质地坚硬的粗一些。在运用刀法上也有区别，如生牛肉应横着纤维的纹路切，鸡脯肉可顺着纤维的纹路切，猪肉筋少，可顺着或斜着肌纤维的纹路切。

五、合理使用原材料

在刀工操作中，应有计划用料，要量材使用，做到大材大用，小材精用，不使原料浪费。如能鲜熘的猪里脊就不要用来炸丸子，能炒肉丝用的原料就不要去制馏。特别是在大料改为小料时，落刀前就得心中有数，使其每部分都能得到充分利用。

第二节　刀工的处理工具和基本姿势

一、刀工处理的工具

刀工处理的工具主要有刀具和菜墩。厨师必须熟悉了解这些工具，并能正确使用和保养它们。

1. 常用刀具

厨师使用的刀种类很多，按其用途分类，可分为片刀、斩刀及前片后斩刀 3 种。

（1）片刀。片刀又叫薄刀［图4－1（a）］，窄而长，轻而薄，重约500克，长约27厘米，宽约7厘米，用于片切牛、羊、鱼片，不可切带骨或坚硬的原料，否则，易伤刀刃。

（2）斩刀。斩刀又称砍刀、骨刀、厚刀［图4－1（b）］，重约1 000克以上，背厚，背与刀口呈三角形。专用作斩带骨或坚硬的原料。

（3）前片后斩刀。前片后斩刀又称文武刀［图4－1（c）］，重约1 500克，前部近于片刀，后部近于斩刀，使用范围较广。前面可以切或片精细的原料，后面可以斩带骨的原料，但只能斩小骨，如鸡、鸭骨，不能斩较大的硬骨，一般使用这类刀合适。

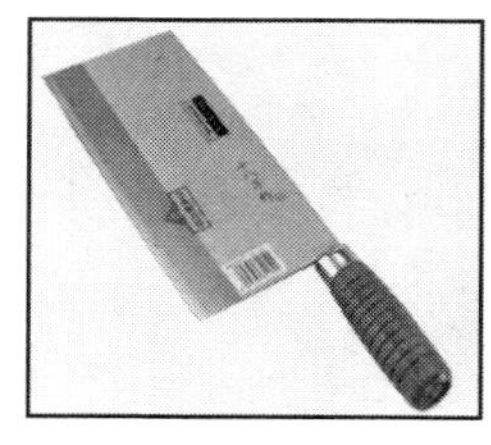

（a）片刀

（b）斩刀

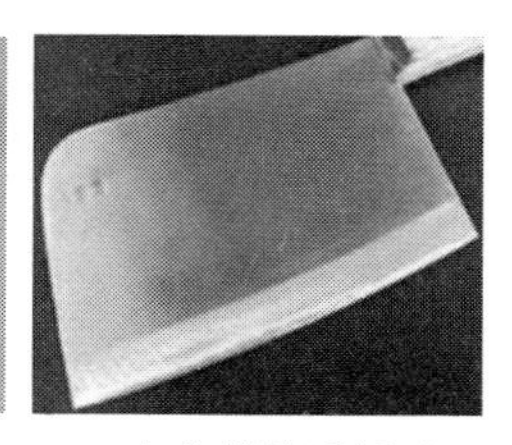

（c）前片后斩刀

图4－1　常用刀具

除上述3种刀具以外，还有牛耳刀、水果刀、剪刀、刨刀（刮皮刀）等。

2. 刀具的一般保养

刀的使用，应经常保持锋利不钝，才能使刀工处理后的原料整齐、平滑、美观，没有互相黏连的毛病，因此，用刀平时要注意刀的保养。

（1）刀工操作要谨慎仔细，爱护刀刃。刀片不宜斩砍，前片后斩刀不宜斩大骨。要合理使用刀刃的部分，以断开原料为准，落刀若遇到阻力，不应强行操作，防止伤到手指或损坏刀刃。

（2）每次刀用完后必须将刀放在热水中洗净并用干净手布擦干水分，特别是咸味或带有黏性的原料，如咸菜、藕、麻山药等原料，切后黏附在刀两侧的酸容易氧化使刀面发黑。

（3）刀使用后放在刀架上，刀刃不可碰在硬的东西上，避免碰伤刀口。

（4）雨季应防止生锈，每天用完后最好在刀口上涂上一层油。

3. 磨刀技术

（1）磨刀工具。磨刀工具有粗磨刀石（马尾石）、细磨刀砖以及一面粗一面细的磨刀石等几种（图4－2）。

（a）粗磨刀石

（b）细磨刀石

（c）一面粗一面细的磨刀石

图4－2　磨刀石

粗磨刀石主要成分是黄沙、质地较粗，一般用来开刃或磨刀膛、缺口等；细磨刀石主要成分是青沙，质地较细，容易将刀磨利，同时，不伤刀口。这两种磨刀砖石各有用处，是必不可少的工具。

（2）磨刀前的准备工作。

①把刀放在碱水中浸一浸，擦去油污，再可用清水洗净，冬天可用热水烫一烫。

②磨刀砖石要放在磨刀架上，如果没有磨刀架就在砖石下面垫一块抹布，防止磨刀石的滑动。

③磨刀石要前面略低，中间略高，如不符合要求，必须斩

平，或在水泥地上磨成前低中高的式样。

④磨刀砖要经常用水浸透，磨刀前准备清水一盆备用。

（3）磨刀的方法。

①磨刀姿势：两脚分开，成一前一后站定，胸部稍为向前，右手执刀，左手按在刀面上，刀背朝身体，刀刃向外，左手按得重一些，以防脱手造成事故（图4－3）。

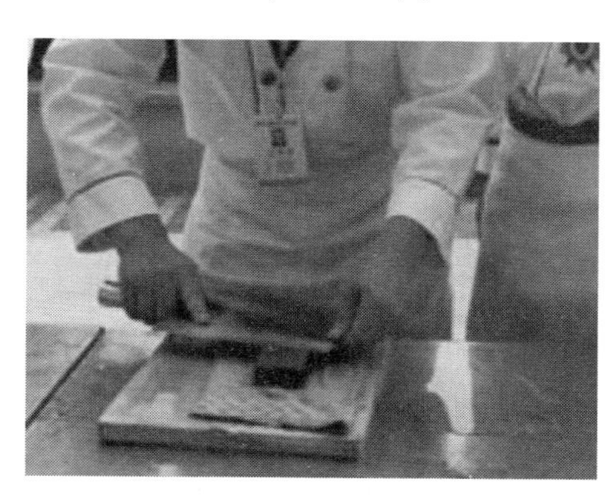

图4－3　磨刀姿势

②各种刀的磨法不同：片刀只能在细磨刀砖上磨，磨时刀背略翘起3毫米左右；斩刀要先在粗磨刀石上磨，磨出锋口后，再在细磨砖上磨，磨时刀背略翘起6毫米左右；前片后斩刀只能在油石上磨，磨时刀的前部刀背约翘起3毫米左右，后部刀背翘起6毫米左右。

③开始磨刀时，刀面和磨刀石上都要淋水，刀刃要紧贴砖面，遇到磨得发黏时需淋水。推磨时将刀刃推过磨刀砖石约一半刀面。并要经常翻转刀的正反面及前后，中部都必须轮流均匀的磨到，正反两面磨的次数应保持相等，而且刀的前、中、后各部必须磨得均匀，才能磨后刀刃平直。

④有缺口的刀，应先在粗磨刀石上磨，把缺口揩平后再拿到

细磨刀石上磨。

4. 菜墩的使用和保养

菜墩，又称墩、砧墩、剁墩，是对原料进行刀工操作的衬垫工具，它对刀工起到重要的辅助作用。

（1）菜墩的鉴别。最好的菜墩就是橄榄树或银杏树（俗称白果树）做的，这些木材质地紧密，耐用，其次是皂荚树、榆树，其他的如红松也很好，此外，还应注意菜墩的树皮的完整，树心不烂，不结疤，以及菜墩的颜色，如墩面微呈青色，且颜色一致说明是正在生长的活树砍下制成的质量好，如墩面呈灰暗色或有斑点，说明是树死后隔了较长时间制成的质量差。

（2）使用菜墩的作用。

①使食物清洁，用菜墩垫在操作台上切配原料，能使食品保持清洁卫生。使用时应将切生料的与切熟料的分开，以防止细菌的传染。在切熟料时，要注意品种的不同，色泽的不同以及有没有卤汁，均应分开切，不可混在一起，一种原料切好后，须用刀铲除菜墩上的卤汁、油水或污秽，用干净手布揩擦干净后再可切其他原料。

②使原料整齐均匀，用菜墩能切得整齐均匀。如墩面有凹凸不平时，应随时修整刨平。

③对刀和案板起保护作用，菜墩的木质是直丝缕，刀刃不易钝，案板的木质是横丝缕，易伤刀刃。而且用菜墩可以保持案板不使案板受伤。

（3）菜墩的保养。

①新菜墩买进后可用盐水涂在表面上，或涂上油使砧板的木质经过盐渍起收缩作用，质地更为结实耐用。

②使用菜墩时不可专用一面，应该四面旋转使用，以免专用一面而发生凹凸不平。

③如发现有凹凸不平时，可以用钢刨轻轻刨起凸起部分，以

保持菜墩表面的平滑。

④菜墩使用完毕后，应刮清擦净，用洁布罩好，竖放吸干水分。

二、刀工的基本姿势

刀工姿势主要包括站案姿势、握刀手势、携刀姿势和放刀位置。

1. 站案姿势

站案姿势主要指的是站立姿势。操作时，两脚自然地分立站稳，上身略向前倾，前胸稍挺，不能弯腰曲背，两手自然打开与身体成45°的夹角，目光注视两手操作部位，身体与砧板保持一定距离。

初学刀工，容易出现许多错误动作，如歪头、耸肩、弓背、哈腰、手动身移、重心不稳、身体三曲弯。这些不良动作不仅不雅观，久而久之还会使自身肺叶受压，影响体形的正常发育和内脏器官的健康，引起职业性的生理变化。同时，这些不良动作也会影响刀技的正常发挥和施展。

正确的站案姿势具体来讲有以下几点。

(1) 身体保持自然正直，头要端正，胸部自然稍含，双眼正视两手操作部位。

(2) 腹部与菜墩保持约10厘米（一拳头）的间距。

(3) 双肩关节自然放松，不耸肩，不卸肩。菜墩放置的高度以身高的一半为宜。

(4) 站案脚法有两种。①双脚自然分立，成外八字形，两脚尖分开，与肩同宽。②双脚成稍息姿态，即丁字步，左脚略向左前，右脚在右方稍后的位置。这两种脚法，无论选择哪种方法，都要始终保持身体重心垂直于地面，以重力分布均匀，站稳为度。这样有利于控制上肢施力和灵活用力的强弱及方向。

（5）两手自然打开，与身体成45°角。

2. 握刀手势

（1）右手握刀。在刀工操作中，握刀手势与原料的质地和所用的刀法有关。使用的刀法不同，握刀的手势也有所不同。一般都以右手握刀，握刀部位要适中，大多以右手大拇指与食指捏着刀身，其余三指用力紧紧握住刀柄，握刀时手腕要灵活而有力。刀工操作中主要依靠腕力。握刀要求是稳、准、狠，应牢而不死，硬而不僵，软而不虚。练到一定功夫，轻松自然，灵活自如（图4－4）。

图4－4　握刀手势

（2）左手按稳物料。这里以切为例。左手的基本手势是：五指稍微合拢，自然弯曲。

在刀工操作中，手掌和五手指各有其用途，既分工又合作，相互作用，相互配合。

①手掌：操作时手掌起支撑作用，切菜时手掌掌跟不要抬起，必须紧贴墩面，或压在原料上，使重心集中在手掌上，才能

使各个手指发挥灵活自如的作用。否则，当失去手掌的支撑时，下压力及重心必然迁移至5个手指上，使各个手指的活动受到限制，发挥不了5个指头应有的作用，刀距也不好掌握，很容易出现忽宽忽窄、刀距不匀的现象。

②中指。操作时，中指指背第一节朝手心方向略向里弯曲，轻按原料，下压力要小，并紧贴刀膛，主要作用是控制“刀距”，调节刀距尺度。从事刀工工作，手是计量、掌握原料切割的尺子。通过这把“尺子”的正确运用，才能准确地完成所需要的原料形状。

③食指、无名指、小拇指：这几个手指自然弯曲，轻轻按稳原料，防止原料左右滑动。其中，食指和无名指向掌心方向略弯，垂直朝下用力，下压力集中在手指尖部，小拇指协助按稳物料。

④大拇指：大拇指也一起协助按稳物料。有时，大拇指可起支撑作用（只有当手掌脱离墩面时，大拇指才能发挥支撑点的作用），避免重心力集中在中指上，造成指法移动不灵活和刀距失控。

（3）左右手的配合训练。根据物料性能的不同特点，左手稳住物料时的用力也有大小，不能一律对待。左手稳住物料移动的距离和移动的快慢须配合右手落刀的快慢，两手应紧密而有节奏地配合。切物料时左手呈弯曲状，手掌后端要与原料略平行，利用中指的第一关节抵住刀身，使刀有目的地切下，抬刀切料时，刀刃不能高于指关节，否则容易将手指切伤。右手下刀要准，不宜偏里偏外，在直刀切时，保持刀身垂直。

另外，操作时放置在砧板上的各种原料应与工作台呈45°角，使人站立的位置与砧板保持平行。

（4）指法及其运用。刀工练习中最常用的是直刀法中的切，指法有连续式、间歇式、平铺式等。

①连续式：连续式多用于切黄瓜、土豆等脆性原料。起势为左手五指合拢，手指弯曲呈弓形向左后方连续移动，中指第一关节紧贴刀膛，刀距大小由移动的跨度而定。这种指法速度较快，中途停顿少。

②间歇式：间歇式适用范围较广。方法为左手形状同上，中指紧贴刀膛，右手每切一刀，中指、食指、无名指、小拇指四指合拢向手心缓移，右手每切 4～6 刀，左手手掌微微抬起，带动五手指一起移动。如此反复进行，称为间歇式指法。

③平铺式：在平刀法或斜刀法中的片中常用。指法是：大拇指起支撑作用，或用掌根支撑，其余四指自然伸直张开，轻按在原料上。右手持刀片原料时，四指还可感觉并让右手控制片的厚薄，右手一刀片到底后左手四指轻轻地把片好的原料扒过来。

3. 携刀姿势

携刀时，右手紧握刀柄，紧贴腹部右侧。切忌刀刃向外，手舞足蹈，以免误伤他人。

4. 放刀位置

操作完毕后，刀刃朝外，放置墩面中央。前不出刀尖，后不露刀柄，刀背、刀柄都不应露出墩面（图 4－5）。几种不良的放刀习惯应当避免，如刀刃垂直朝下剁进砧板，或斜着将刀跟剁插进砧板等。这些不良动作既伤刀，又伤砧板。

第三节　行刀技法介绍

使用刀的各种操作方法，简称刀法。刀法是根据烹调加工和菜品食用时的要求，将各种烹饪原料用刀具加工成一定形状的行刀技法。各地刀法的名称和操作要求也不尽相同。根据刀刃与菜墩或原料的接触角度，刀法可分为直刀法、平刀法、斜刀法及其他刀法。

图4－5　放刀位置

一、直刀法

直刀法是刀面与墩头面或原料接触面成直角的刀法。

这种刀法根据用力的大小和刀的上下运动幅度的不同，可分为切、斩（剁）、砍（劈）等。

1. 切

切是直刀法中刀的运动幅度最小的刀法，一般用于脆性的植物性原料和无骨的动物性原料。

（1）直刀切（又称跳刀）。

适用原料：一般为脆性或质软的原料，如萝卜、冬瓜、土豆、茭白、榨菜、豆腐干、豆腐、蒸蛋糕、鱼糕、熟血块等等。

操作方法：左手按住原料，右手持刀，刀刃对准原料被切的部位，一刀一刀垂直切下去（图4－6）。

（2）推刀切。

适用原料：一般为无骨的韧性原料（如猪肉、牛肉、鸡肉

图 4－6　直刀切

等)，也适用于带细小骨的原料（如鱼肉)，有时也用于无骨较硬的原料（如火腿、香肠)。

操作方法：左手按住原料，右手持刀，用左手中指第一节指背顶住刀面，用刀刃的前部对准原料被切的部位，自上面下向刀尖方向推切下去，一刀切断原料（图 4－7)。

图 4－7　推刀切

(3）拉刀切。

适用原料：一般为较薄小的无骨韧性原料，如鸡肉、猪肉、牛肉、猪肝、墨鱼（乌贼）等。

操作方法：拉切是与推刀切相反的一种刀法。在操作时，左手按住原料，右手持刀，移动方法与推刀切相同，左手中指第一个关节指背顶住刀面，将刀刃后部放在被切原料的位置上，自前向后腕力前压，从刀刃前部向后拉切下去，一刀切断原料（图4－8）。

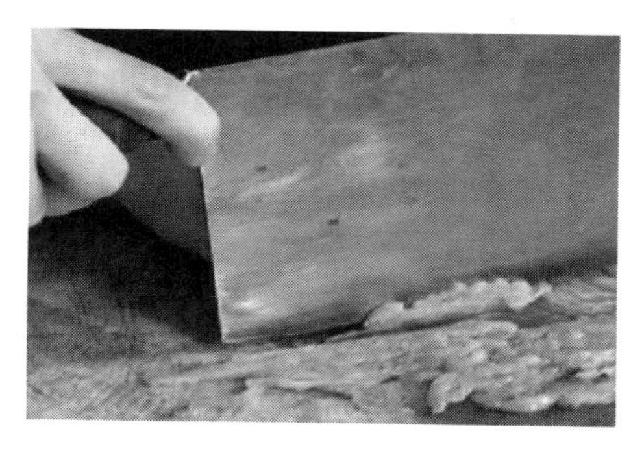

图4－8　拉刀切

（4）锯刀切（又称推拉切）。

适用原料：一般为质地较硬、无骨或松软易碎的原料，如猪肉、牛肉、火腿、熟肉、熟火腿、面包等。

操作方法：其基本的手法与推刀切、拉切相同。推刀切与拉切的方法连贯起来使用的一种刀法。像拉锯一样切断原料（图4－9）。

（5）铡刀切。

适用原料：通常适用于带壳的、体小形圆极易滑动的原料，或已成熟的切时容易往外蹦的脆性原料和略带细小骨头的原料。如带壳的熟蛋、螃蟹、熟花生仁、熟核桃仁、熟花椒等。

操作方法：铡刀切有两种方法。一种是右手握住刀柄，左手按住刀背前端，刀刃的前端紧靠着砧墩，并固定在原料要切的部位上，用力压切下去，将原料切断［图4－10（a）］；另一种是右手握住刀柄，左手按住刀背前端，对准要切的部位，来回上

图 4 -9 锯刀切

下，左右交替移动，将原料切碎［图 4 -10（b）］。

（a） （b）

图 4 -10 铡刀切

（6）滚刀切。

适用原料：适用于圆形、圆柱形、圆锥形的脆性原料，如山药、茭白、圆笋。把它们加工成“滚刀块”。

操作方法：左手按住原料，右手持刀，刀刃对准原料要切的部位直切下去，每切一刀，原料滚动一次，如此反复进行（图 4 -11）。

图 4－11　滚刀切

2. 斩

斩又叫剁，是刀刃与墩头面或原料基本保持垂直的刀法。但斩的用力比其他刀法大。斩可分直刀斩、双刀排、拍刀斩 3 种。

（1）直刀斩（又称单刀斩、直剁）。

适用原料；这种刀法适用于较硬或带骨的原料，如猪大排、小排、骨头、整只的鸡或鸭、大型鱼类、冰冻的肉类及其他原料。也适用于无骨的原料。将其加工成块或泥茸状，如排骨块、肉泥、姜末。

操作方法：左手拿住原料，右手持刀，对准原料要斩的部位，垂直用力斩下去。

（2）双刀排（又称双刀剁、双刀排斩）。

适用原料：适用于无骨的原料，将其加工成粒、末、泥、茸，如肉末、肉泥、鱼茸等。

操作方法：两手各持一把刀，两刀之间要间隔一定的距离，并呈小八字形，刀面与墩头面垂直，两刀一上一下交替运动，直至将原料斩成所要求的状态为止（图 4－12）。

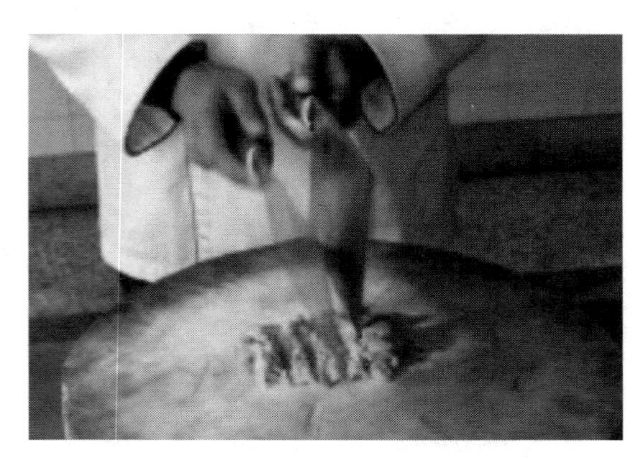

图 4－12 双刀排

（3）拍刀斩。

适用原料：适用于形圆、易滑、质硬、带小骨的原料（如鸡、鸭、鱼等），将其斩成均匀的块、段、火腿等。

操作方法：刀刃对准原料被斩部位，并垂直于墩面，用左手的掌心或掌根拍击刀背，切断原料。

3. 砍

砍又叫劈，是只有上下垂直方向运刀，在运刀时猛力向下的刀法，是在原料初步加工时所用的刀法。根据运刀方法的不同，又分为直刀砍、跟刀砍等。

（1）直刀砍。

适用原料：适用于带大骨、硬骨、质地坚硬的动物性原料或冰冻的植物性原料。例如，牛肉、猪肉、羊腿、大排、小排、鸡、鸭、鹅、青鱼、大的毛笋、老的笋根和冰冻内脏、肉类等。

操作方法：右手持刀并且紧握在刀箍以上，左手按住原料。按成形的规格要求，确定落刀的准确部位，右手将刀提起迅速的

劈下。左手同时迅速离开原料，将原料劈断（图 4－13）。

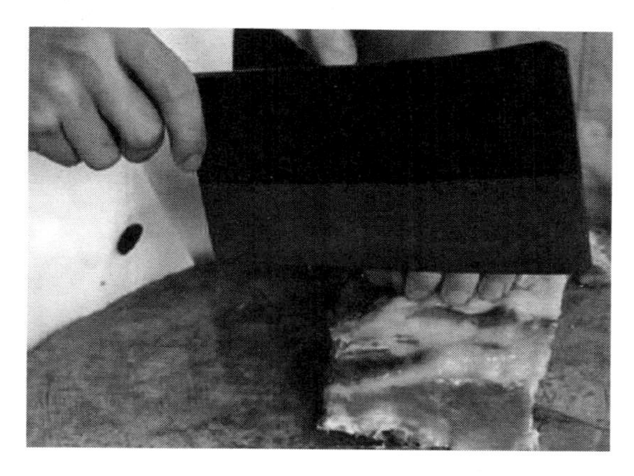

图 4－13　直刀砍

（2）跟刀砍。

适用原料：此种刀法适用于质地特别坚硬，而且体大形圆、带大骨、骨硬的原料。例如：猪头、鱼头、蹄膀、猪蹄、牛腿、火腿等。

操作方法：右手执刀握住刀箍，左手握住原料，将刀刃紧紧嵌入原料要劈的部位。然后左右两手同时起落，上下运动 2～3 次直到原料劈断为止（图 4－14）。

二、平刀法

平刀法是刀面与墩头面或原料接近平行的一种刀法。平刀法有平刀片、推刀片、拉刀片、抖刀片、推拉刀片、滚料刀片等。平刀法一般适用于把无骨的原料加工成片状。

1. 平刀片（又称平刀批）

适用原料：适用于无骨的软性或脆性原料，如豆腐、豆腐干、猪精肉、鸡脯肉、熟的鸡鸭血、肉皮冻、熟蛋糕、土豆、黄

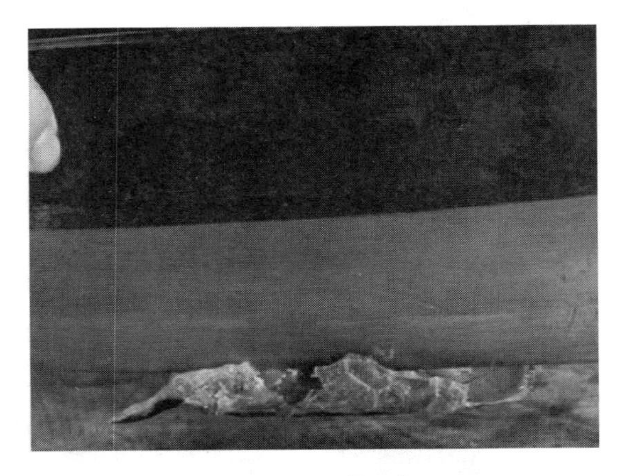

图 4 – 14　跟刀砍

瓜、冬笋等。

操作方法：刀身平放，根据所需厚度将刀刃从原料的右侧片进，刀身向左做平行运动，直至片断原料，如此反复（图 4 – 15）。

2. 推刀片

适用原料：一般用于把无骨的脆性、韧性或质地较硬的原料片成片状，如猪肉、熟火腿、土豆、榨菜等原料的加工。

操作方法：左手按住原料，右手持刀，刀身放平。根据菜品所需原料的厚度，用刀刃的前部批进原料，向左侧平移，并向刀尖方向推进，直至片断原料，如此重复（图 4 – 16）。

3. 拉刀片

适用原料：适用于把无骨或略带筋膜的韧性原料（猪肉、鸡肉、鱼肉、牛肉等）加工成片状。

操作方法：在持刀方法上与推刀片相同，不同之处在刀刃的初始位置及运动方向。拉刀片每片一片原料时，刀刃的初始位置是刀刃的后部对准原料的要切部位，刀的运动方向是向身体方向

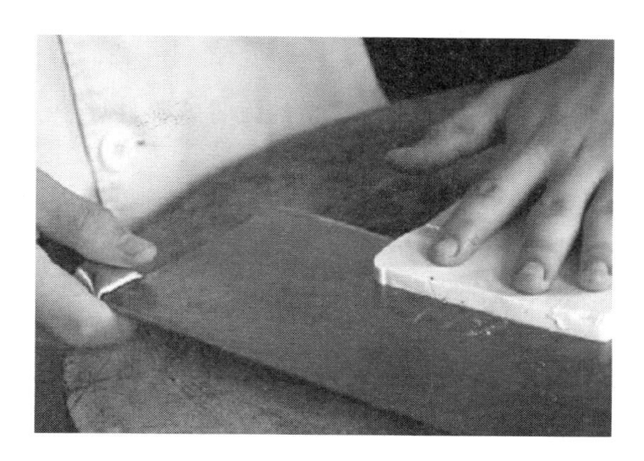

图 4－15　平刀片

图 4－16　推刀片

拉片，直至片开原料。

4. 推拉刀片（锯刀片）

适用原料：一般适用于无骨、韧性较强、有一定筋膜、质地较硬的大块原料。如火腿、大块的猪肉、牛肉、鱼肉等。

操作方法：基本方法与推刀片和拉刀片相同，是推刀片和拉刀片的综合运用。在操作时，是先用推刀片还是拉刀片，可根据原料的质地和要求以及操作者的习惯而定。

5. 抖刀片

适用原料：主要用于质地软嫩的无骨或脆性原料，将其加工成波浪片或锯齿片。如豆腐干、黄白蛋糕、莴笋、血块等。

操作方法：左手按住原料，右手持刀，刀刃批进原料后，向左移动并上下均匀抖动，呈波浪形运动，直至片开原料。

6. 滚料片

适用原料：适用于圆形、圆柱形、圆锥形原料（如白萝卜、胡萝卜、莴笋、黄瓜、红肠、风或酱肉条、鸡心、鸭心等），加工成片状。

操作方法：放平刀身，刀刃从原料的右侧上面或下面片批进原料做平行移动。左手按住原料并做相应的滚动，边片边滚。直至批成所需要的长片状（图 4－17）。

图 4－17 滚料片

三、斜刀法

斜刀法是使刀面与墩头面或原料之间的夹角保持小于90°的刀法。根据刀的运动方向，一般可分为正刀片和反刀片。

1. 正刀片

适用原料：一般适用于软质、脆性或具有韧性但体形较小的原料，如加工鸡肉、鱼肉、猪肉、腰子、肚子、白菜、豆腐干等。正刀片可以将较小的原料片成较大的片。

操作方法：左手手指（三指或四指）按住原料的左端，右手持刀并倾斜刀身，刀刃朝左手方向，对准原料要片的位置，批进原料并向下运动直至片断。每片断一片原料，左手指自然弯曲，将片移开，再按住原料左端待下一刀片入。

2. 反刀片

适用原料：适用于脆性、软性或成熟的原料，如豆腐干、熟肚子、白菜梗等。

操作方法：倾斜刀身，刀刃朝外，对准原料要片的部位进行推刀片，直至片断原料。

四、其他刀法

1. 削

一般用于果蔬类原料，如土豆、苹果、萝卜、黄瓜、莴笋。该刀法可将原料去皮或削制大刀花。

2. 旋

主要是对苹果、梨、胡萝卜、番茄、莴笋等原料去皮或在原料上旋制简单花朵时使用。

3. 刮

用于部分原料的去皮、去鳞等，如去除鱼的鳞、刮除原料表面的杂质、杂毛以及“刮”制鱼茸、鸡茸等。

4. 剔

“剔”是将肉与骨分离的一种方法。它适用于对鸡、鸭、猪的出骨。操作时，要求对原料的组织结构了如指掌，手法、刀法运用是如。所取原料干净利落，骨不带肉，肉不带骨。

5. 拍

主要是把无骨的脆性或韧性原料（如鱼肉、猪肉、生姜、大蒜）拍松、拍碎或拍成薄片；也可用于将原料中的细小骨（如泥鳅、黄鳝、河鳗中的脊椎骨）拍松或拍断后除去。

第四节　刀工原料成形

各种原料的成形都是依靠刀工来确定的。原料成形是指根据菜肴和烹调的不同需要，运用各种刀法，将原料加工成块、片、丝、条、丁、粒、末、茸、泥、球等形状的技法。

一、块

1. 块的种类

（1）菱形块（象眼块）。一般适用于脆性、软性、较平整且在加热过程中不易变形的原料，如茭白、胡萝卜、黄或白蛋糕、熟火腿、西式火腿、红肠［图4－18（a）］。

（2）方块。常用于体形较大的、较厚的各种原料，如肉类、鱼类、块根类、瓜果类［图4－18（b）］。

（3）劈柴块。一般用于脆性或较老的根茎类原料，如茭白、笋、生姜、菜梗［图4－18（c）］。

（4）滚刀块。常用于无骨脆性的圆形或圆柱形原料，如笋、茭白、莴笋、茄子、胡萝卜［图4－18（d）］。

2. 块的成型方法

块一般有两种成型方法。一种是切的刀法。用于加工质地软

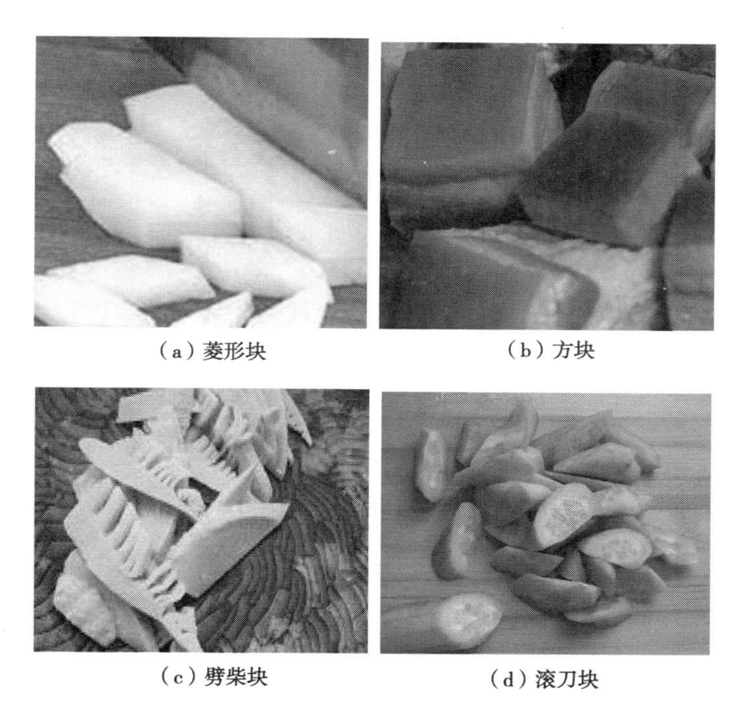
（a）菱形块　（b）方块
（c）劈柴块　（d）滚刀块

图 4－18　块的种类

嫩、松脆、无骨韧性，或者质地虽较坚硬但去皮、去骨后可以切断的原料；另一种方法是斩或砍的刀法，用于加工质地较硬、带骨、带皮或冰冻的原料。

二、片

1. 片的种类

（1）长方片。一般适用于脆性或软性原料，如茭白、萝卜、土豆、豆腐、鱼肉。

（2）柳叶片。用于脆性圆柱形的原料，如胡萝卜、黄瓜、红肠、莴笋［图4－19（a)］。

（3）月牙片。适用原料与柳叶片相同［图4－19（b)］。

（4）菱形片。与菱形块相同［图4－19（c)］。

（5）夹刀片。适用于脆性或韧性的无骨原料，如冬瓜、茭白、茄子、鱼肉、熟五花肉。

（6）圆片和椭圆片。适用于圆形或圆柱形原料，如番茄、黄瓜、红肠、香肠、胡萝卜［图4－19（d)］。

（7）指甲片。一般适用于脆性、软性或部分的中硬性原料，如生姜、大蒜头、冬笋、胡萝卜、老或嫩豆腐、豆腐干、火腿。

（a）柳叶片　（b）月牙片

（c）菱形片　（d）椭圆片

图4－19　片的种类

2. 片的成型方法

片一般是用切或片的刀法加工而成的。对一些质地较坚硬的、形状较厚大的，可采用切的刀法；对一些质地较松软、不易切整齐的以及原料本身形状扁薄无法切的，可采用片的刀法；对一些体形椭圆、放在墩上不易按稳的原料，则可采用削的刀法。

三、丝

丝是原料成形中加工较为精细的一种，技术要求高（图4-20)。切丝是首先要将原料片成薄厚均匀的片，这是丝好坏的基础之一。

图4-20 切丝

片好的片再切丝有3种方法。

(1) 瓦楞形（阶梯形)。它是将薄片依次排叠成瓦楞形状的一种排叠方法。

(2) 层叠形。它是将加工整齐的薄片原料自上而下一片一片排叠起来的一种排叠方法。

(3) 卷筒形。它是将片形较大、较薄的原料一片一片排叠整齐，卷成筒状，再顶刀切成丝的一种排叠方法。

四、条

条要求比较粗，它的成型方法与丝的成型方法基本相同。它是先把原料切或片成大厚片，再以条的长度为宽度切成长方块，最后顶刀切成条（图 4 – 21）。

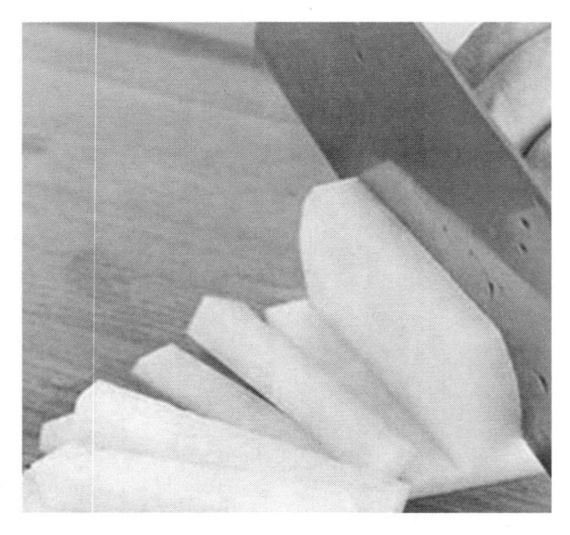

图 4 – 21　切条

五、丁、粒、末

丁、粒、末是在条或丝的基础上加工而成的。

1. 丁

丁适用的原料范围较广，凡是有一定厚度的无骨原料均可切

成丁，如肉丁、鱼丁、鸡丁、笋丁、蛋糕丁、豆腐丁。

2. 粒（又称米）

粒的形状一般呈正方体形，规格也有大、中、小 3 种。大粒一般形似黄豆粒；中粒形似绿豆，也叫绿豆粒；小粒形似大米（也叫米粒）。

3. 末

末的形状，要比粒小些，形状一般不规则。它们在丝的基础上成型的。

六、茸泥

茸和泥一般都是切成碎粒后，再用双刀排剁而成，有时在剁之前还要用刀背排砸几遍。黏性的、结缔组织少的韧性原料制茸泥时，可以不经过切粒的过程。其质量要求是将原料剁得极细，成泥状。剁泥茸的原料有鸡、虾、鱼、肉等。剁之前应将筋皮等去掉。

茸和泥一般都是作为瓤馅或做丸子用，所以，制茸泥的原料一般都有一定的黏性，用猪肉、羊肉制茸泥时要精肥搭配，用鸡肉、兔肉制茸泥时，最好掺入一些猪肥膘以增强它的黏性。

第五章　配菜和调味技术

配菜和调味的技术性都很强，直接关系成菜的品质，要求投料准确、调味合理，熟练处理要因材施治恰到好处。

第一节　配　菜

一、配菜的意义

配菜是紧接刀工之后，介于刀工和烹制之间的一道重要工序。一般的小型饭馆，配料附属于这一工种，习惯称为“切配”，而大型的餐厅、饭店，都设专人掌管配菜这个重要环节。

1. 确定菜肴的质量

菜肴的质是指各种原料配合的比例，量则是用料分量的多少，两者都通过配菜确定下来，是成菜质量高低的先决条件。

2. 基本确定菜肴的色、香、味、形

原料的形态依靠刀工和粗加工、精加工确定，但成菜的整个形态，却由配菜来确定。除了刀工和加工手法的变化以及烹调方式的不同运用，可使菜肴多样化外，通过配菜把各种形态的原料巧妙适当组合，不仅使其各自本身的色香味素质相互融合补充，充分体现整份菜或整个席桌菜肴的色香味形，而且可以创制形态不一、口味变化的新品种。

3. 确定菜肴营养价值

各种荤素原料所含营养素不一，通过配菜使它们的营养成分

合理而又全面地相互补充，从而提高菜肴的营养值和人体吸收率。至于白果、杏仁等含有一定毒素的原料，也是靠配菜时恰当控制分量以避免危害。

4. 确定菜肴成本

配料的精粗贵贱，用量多少，直接关系成本。配合不当，不仅影响成菜质量，而且往往损害消费者利益或影响企业自身经济效益，可见，配菜是控制菜肴或席桌成本，加强经济核算的极重要环节。

二、配菜的基本要求

由于配菜在整个烹制过程中的重要地位，所以要求执掌配菜的烹调师，必须本身具有较高的调技艺素养，而且熟悉生产全过程的有关业务。

1. 熟悉了解原料情况

不同菜肴由不同原料配合构成。配菜除了首先要熟悉各类烹调原料的质特点外，还要随时了解市场供应的季节与采购运销的变化以及本单位的库存备料情况，以便确定本餐厅目前可以供应的菜品并保证其用料，或者及时提供采购意见，灵活采用时鲜价廉原料，减少积压，降低成本。

2. 熟悉菜肴品种及制作特点

配菜人员要对本餐厅供应的菜品及制作特点了如指掌，不仅自己要熟悉刀工技术和烹调方法，而且对一起工作的刀工和勺子师傅技艺特长心中有数，才能做到一旦点菜就能迅速准确配料，送交适合的人员操作，保证成菜完全符合本餐厅的特色风味。

3. 掌握菜肴质量标准及成本核算

配菜必须掌握本餐厅供应菜品要求达到的质量标准，以及所用原料从毛料到净料的损耗率，菜肴中每个菜的主料、辅料、调料的质量、数量和成本，方能按规定的毛利幅度来给每个菜定价。

4. 具备生化美学知识，善于推陈出新

担任配菜的中级烹调师，除要求具备一般的食品、生物化学知识，善于调配原料营养外，还要求懂得一般美学原理和饮食的美学知识，懂得构图和色彩的一些原理，使各种原料在形态、色彩上彼此协调以增加菜肴的艺术感。除了配制好本餐厅传统的定型菜品外，还应当不拘陈规，凭借自己对原料、刀工和烹调方式特点的了解，借鉴吸收其他地域和菜系之长，研究消费者口味，不断创制新品种。

三、配菜的方法

1. 量的配合

所谓量的配合，主要是主料和辅料之间的配合，以及两种以上主料相互之间的配合，使其比例配合得当。

（1）配单一原料菜肴。菜肴由一种原料构成，无任何其他配料的叫单一料菜。这种菜肴，多在菜名之前冠以“白”字“清”字，如白油豆腐、清炒虾仁、清炖牛肉等。因为，主要吃这一原料特有滋味，故选料要求精细，蔬菜必须新鲜、细嫩，肉类原料必须选用其精华之部位，才能突出主料或肥美、或鲜香、或细嫩的特点。为了担鲜增香，有些单一料菜如鱼翅、熊掌等烹制时也要配投鸡肉、火腿之类辅料，但烹制后要择出，仍以单一料上桌。

（2）配有主料、辅料或多种料的菜肴。许多菜肴所以要搭配辅料，主要是对菜肴的色、香、味、形起调剂作用。因此，配菜时主、辅料之间的配合，要名副其实使料在菜肴中居于主体地位，而辅料则只能起辅佐、衬托作用的位置，绝不能使之平分秋色，更不允许辅料喧宾夺主。如仔姜鸭丝，鸭丝应占主导地位，而仔姜丝、甜苗丝，蒜苗丝，则只起辅佐和衬托的作用，所以，

其用量要好好掌握。

一般来说，主、辅料之间比例常依据用餐形式和用餐标准的不同而有所差异。比如高档宴会菜肴原料的搭配是主料占3/4，辅料占1/4。服务档次较高的菜肴的投料比例是主料占2/3，辅料占1/3。一般用餐的菜肴主料与辅料接近各占1/2。

2. 形的配合

原料的形的搭配，就是菜肴主料、配料的不同形状的搭配，有同形搭配和异形搭配两种。

（1）主料、辅料的同形搭配。同形搭配的主料、辅料的形态、大小、规格相同或相似。如青笋鸡丁、黄瓜肉片、萝卜烧牛肉等，均是丁配丁、片配片、块配块的同形搭配。

（2）主料、辅料的异形搭配。异形搭配的主料、辅料形状不同，大小不一。如宫保腰花的主料腰子成菊花形的块，配料则为油炸花生米。异形搭配是以配伍协调、和谐、美观为标准。

3. 色的配合

菜肴的色泽搭配，就是在同一菜品中，主料辅料（包括汤汁）的色泽搭配得明快协调、美观、大方，通过配料衬托主料、突出主料，使得整个菜肴具有一定的美感。色的搭配菜中分为顺色搭配和岔色搭配2种。

（1）顺色搭配。将主料与辅料都配成同一颜色或近似颜色。如红与橙、黄与绿、青与紫，配出来的色彩就协调，就雅致清爽，菜中习惯叫“须色”。雪花鸡淖的主配料均为白色，主料与配料难以分辨。这类菜肴所用的调料也是白色的盐、味精和浅色的料酒、胡椒面等。如通过调味品使主料、配料色泽达到一致的，不属顺色搭配。

（2）岔色搭配。岔色搭配又称花色配。这种配料的方法，运用最为广泛。就是将主、辅料或几种主料配成不同的颜色，主料与配料色泽差异要大些，以配料突出主料，使之相得益彰，切不可相似、相同，以免使主料与配料难以区分和层次不明。用对比色的方法配出的色彩就鲜明生动，这里的对比是指光度明暗悬殊的颜色，如红与绿，黄与紫，橙与绿，菜中叫“岔色”，口诀是：“青不配青，红不配红”。如雪里鸡用鸡茸裹鸡片，辅以嫩绿的豌豆尖作陪衬，更衬托出洁白如雪的鸡茸来；又如双色鱼丸，用蛋黄蛋白做出两种不同颜色的鱼丸，借助特制清汤烹制，不仅汤清味鲜，而且色泽优美。

4. 味与香的配合

味与香的配合是为了减除原料腥膻等不良异味，使菜肴更加鲜香。烹调原料本身的食味和气味大体上可分为：清馨、鲜香、芳香、没腻、平淡或基本无味，以及膻、臊、腥、辛、苦、涩等异味。因此，配料时，应对烹饪原料本身固有的性味了如指掌，才能在味和香的配合上，扬长避短，互补而不互斥，使成菜更加鲜美。

（1）主料本身富有清馨、鲜香味的，则与之配伍则要选择较清淡的辅料来衬托主料，使主料馨或鲜香味更加突出丰满、更加清醇或更加浓郁。如本身鲜香的鸡、鱼、虾等配以较淡味兰片。

（2）主料本身味较平淡或基本无味的如海参、鱼刺、鱼肚等，则应用鲜香味浓郁的鸡、鸭、火腿等或特制高级汤汁来弥补主料味道之不足，用以提鲜增香，使主料富有鲜香味。

（3）主料本身油腻过重如猪肥膘，咸味过浓如金钩，则宜以清馨的鲜菜、豆、米等与配伍，用以调和与冲淡其过重的油腻或过浓的咸味。如肥而有腻的夹沙肉、荷叶蒸肉，鲜香适口的金钩菜心等便是如此搭配的。

（4）异味较重的原料，如鱼鲜的腥味，猪腰的臊味，熊掌、牛肉的膻味，菠菜的涩味、竹笋、苦瓜的苦味等，则事先在粗加工过程中，尽量使之减少到最低限度；同时，有针对性地分别选

用一些提鲜、增香、除腥、解异味的辅料、调料，使之成菜后鲜美可口又有特殊风味。

（5）主料、配料各具不同的异香味，主料有较浓的醇香而配料又具异常的清香，二味融合，食之别有风味。异香味相配者，如芹黄鱼丝、芫爆里脊、蒜苗回锅肉，都能给食用者在味与香两方面以较强烈的感觉。

第二节　调味

一、调味的作用

1．确定滋味

调味最重要的作用是确定菜肴的滋味。能否给菜肴准确恰当定味并从而体现出菜系的独特风味，显示了一位烹调师的调味技术水平。

对于同一种原料，可以使用不同的调味品烹制成多样化口味的菜品。如同是鱼片，佐以糖醋汁，出来是糖醋鱼片；佐以咸鲜味的特制奶汤，出来是白汁鱼片；佐以酸辣味调料，出来是酸辣鱼片。

对于大致相同的调味品，由于用料多少不同，或烹调中下调料的方式、时机、火候、油温等不同，可以调出不同的风味。例如都使用盐、酱油、糖、醋、味精、料酒、水豆粉、葱、姜、蒜、泡辣椒作调味料，既可以调成酸甜适口微咸，但口感先酸后甜的荔枝味，也可以调成酸甜咸辣四味兼备，而葱姜蒜香突出的鱼香味。

2．去除异味

所谓异味，是指某些原料本身具有使人感到厌烦、影响食欲的特殊味道。

原料中的牛羊肉有较重的膻味，鱼虾蟹等水产品和禽畜内脏有较重的腥味，有些干货原料有较重的臊味，有些蔬菜瓜果有苦涩味等。这些异味虽然在烹调前的加工中已解决了一部分，但往往不能根除干净，还要靠调味中加相应的调料，如酒、醋、葱、姜、香料等，来有效地抵消和矫正这些异味。

3. 减轻烈味

有些原料，如辣椒、韭菜、芹菜等具有自己特有的强烈气味，适时适量加入调味品可以冲淡或综合其强烈气味，使之更加适口和协调。如辣椒中加入盐、醋就可以减轻辣味。

4. 增加鲜味

有些原料，如熊掌、海参、燕窝等本身淡而无味，需要用特制清汤、特制奶汤或鲜汤来“喂”制，才能入味增鲜；有的原料如凉粉、豆腐、粉条之类，则完全靠调料调味，才能成为美味佳肴。

5. 调和滋味

一味菜品中的各种辅料，有的滋味较浓，有的滋味较淡，通过调味实现互相配合、相辅相成。如土豆烧牛肉，牛肉浓烈的滋味被味淡的土豆吸收，土豆与牛肉的味道都得到充分发挥，成菜更加可口。菜中这种调和滋味的实例很多，如魔芋烧鸭、大蒜肥肠、白果烧鸡等。

6. 美化色彩

有些调料在调味的同时，赋以菜肴特有的色泽。如用酱油、糖色调味，使菜肴增添金红色泽，用芥末、咖喱汁调味可使菜肴色泽鲜黄，用番茄酱调味能使菜肴呈现玫瑰色，用冰糖调味使菜肴变得透亮晶莹。

二、调味的阶段

1. 原料加热前调味

调味的第一个阶段是原料加热前的调味，即菜中的码味，使

原料下锅前先有一个基本滋味，并消除原料的腥膻气味，例如下锅前，先把鱼用盐、味精、料酒浸渍一下。有一些炸、熘、爆、炒的原料，结合码芡加入一些调味品，许多蒸菜都在上笼蒸前一次调好味。

2. 原料加热过程中的调味

调味的第二个阶段是在原料加热过程中的调味，即在加热过程中的适当时候，按菜肴的要求加入各种调味品，这是决定菜肴滋味的定型调味。如菜中的兑滋汁，就是在加热过程中调味的一种方法。

3. 原料加热后的调叶

调味的第三阶段是原料加热后的调味，属于辅助性调味，借以增加菜肴的滋味。有些菜肴，如锅巴肉片、脆皮全鱼等，虽在加热前、加热中进行了调味，但仍未最后定味，需在起锅上菜后，将随菜上桌的糖醋汁淋裹在主料上。在菜中，炸、烧、烤、干蒸一类菜肴常在加热装盘后。用兑好调料的滋汁单独下锅制成二流芡浇淋在菜肴上；煮、炖、烫一类菜肴一般调制味碟随菜上桌蘸用；而各种凉拌菜则几乎全都是在加热烹制或汆水后拌和调料的，如用竟好调料的滋味汁浇淋在菜上，或调制味碟随菜上桌。

三、调味的原则

1. 定味准确、主次分明

一味菜品，如果调味不准或主味不突出，就失去风味特点。只有按所制菜肴的标准口味，恰当投放各种调味品，才能味道准确且主次分明。

川菜虽然味型复杂多变，但各种味型都有一个共同的要求，就是讲究用料恰如其分、味觉层次分明。同样是咸鲜味菜品，开水白菜是味咸鲜以清淡见称，而奶汤海参则是味咸鲜而以醇厚见长。再如同样用糖、醋、盐作基本调料，糖醋味一入口就感觉明显甜酸而咸味淡弱，而荔枝味则给人酸、甜、咸并重，且次序上是先酸后甜的感觉。川菜中的怪味鸡丝使用12种调味品，比例恰当而互不压抑，吃起来感觉各种味反复起伏、味中有味，如同听大合唱，既要清楚听到男女高低各声部，又有整体平衡的和声效果，怪味中的“怪”字令人玩味。

2. 因料施味、适当处理

即是依据菜肴中主辅料本身不同性质施加调味品，以扬长抑短、提味增鲜。

对新鲜的原料，要保持其本身的鲜味，调味品起辅助使用，本味不能被调味品的味所掩盖。特别是新鲜的鸡、鸭、鱼、虾、蔬菜等，调味品的味均不宜太重，即不宜太咸、太甜、太辣或太酸。

带有腥气味的原料，要酌情加入去腥解腻的调味品。如烹制鱼、虾、牛羊肉、内存脏等，在调味时就应加酒、醋、糖、葱、姜之类的调味品，以解除其腥味。

对本身无显著滋味或本味淡薄的原料，调味起增加滋味的主要作用。如鱼翅、燕窝等，要多加鲜汤和必需的调味品来提鲜。

一些颜色浅淡、味道鲜香的原料，最好使用无色或色淡的调料且调味较轻，如清炒虾、清汤鱼糕等菜肴，只放少量的盐和味精，使菜品有“天然去雕饰”的自然美。

此外，应根据季节变化适当调节菜肴口味和颜色。人们的口味，往往随季节的变化而变化，在天气炎热的时候，口味要清淡，颜色要清爽；在寒冷的季节，口味要浓，颜色要深些。还要根据进餐者的口味和菜肴多少投放调味品，在一般的情况下，宴会菜肴多口味宜偏轻一些，而便餐菜肴少则口味宜重一些。

调制咸鲜味，主要用盐，某些时候，可以适当加一些味精，但千万别只靠味精增鲜。因不同菜肴的风味需要，也可以加酱

油、白糖、香油及姜、椒盐、胡椒调制，但一定要明白糖只起增鲜作用，要控制用量，不能让人明显地感觉到放了甜味调料；香油亦仅仅是为了增香，若用量过头，也会适得其反的。应用范围是以动物肉类，家禽、家畜内脏及蔬菜、豆制品、禽蛋等为原料的菜肴。如：开水白菜、鸡豆花、鸽蛋燕菜、白汁鱼肚卷、白汁鱼唇、鲜熘鸡丝、白油肝片、盐水鸭脯等。

第六章　制作热菜

第一节　炒菜制作

炒是一种用旺火热油，将原料投入锅内搅拌加热成熟的烹调方法。按“炒”的传热方式来分，有油炒、沙炒、盐炒等，菜烹调中的“炒”一般专指油炒。炒菜时依据火候油温、原料生熟、是否码味码芡来分，又有小炒、生炒、熟炒、炝炒、软炒等不同炒法。

一、小炒

小炒又叫随炒、抓炒。是川菜中最有特点、运用最广泛的一种炒法，最能体现川菜小锅单炒，不过油，不换锅，临时兑汁，急火短炒，一锅成菜，原汁原味的特有风味。

小炒多用于质地细嫩的动物原料作主料、蔬菜瓜果和涨发过的干货原料作配料，先经刀工处理成丝、片、丁、条后，码味码芡、用旺火，温油将主料炒散籽，再加配料，然后烹滋汁迅速翻炒簸锅，收汁亮油至熟。小炒烹制的菜肴具有散籽亮油、统汁统味、鲜嫩滑爽的特点。如青椒肉丝、白油肝片、芹黄牛肉丝、宫保肉丁、鱼香肉丝、炒什锦等。

【京酱肉丝实例】

原料：瘦猪肉 150 克、葱白 50 克

调料：甜酱 25 克、白酱油 5 克、川盐 2 克、味精 2 克、白

糖5克、料酒10克、水豆粉25克、香油1克、化猪油50克

切配：将猪肉切成二粗丝，码上川盐、水豆粉。葱白切成细丝，在凉水中稍浸漂，捞出沥干水分。滋汁碗内放入少许白酱油、白糖、味精、水豆粉、鲜汤兑成味汁。料酒加入甜酱调散。

烹制：炒锅制好后，放入化猪油烧至六成热时，放入猪肉丝炒散籽后，再放入甜酱炒香，滗去锅内多余的化猪油，随即烹入滋汁，收汁亮油起锅，滴入香油，装入盘内，肉丝上撒葱丝即成。

二、生炒

生炒是不用芡汁，直接烹制生鲜的细嫩肉类或蔬菜瓜果的炒法。生炒新鲜蔬菜，用旺火、热油，快速拨炒至熟，成菜鲜脆并保持原料本色，如炒野鸡红、鱼香油菜薹、白油青笋、素炒韭黄、炒三丁等。

【素炒豌豆尖实例】

原料：豌豆尖1 000克

调料：川盐2克、味精2克、香油15克、菜油50克

切配：豌豆尖择取嫩苞一段淘洗干净。

烹制：炒锅置于旺火上，下菜油烧至五成热，放入豌豆尖翻炒，同时下盐。豌豆尖受热、粘盐后吐出的涩水滗去不要。再下菜油、味精、盐翻炒几下，淋香油起锅。炒豌豆尖注意火力要旺，动作要快，才能保持翠绿本色。生炒肉类原料，不码芡，中火，热油，油温五六成热（110～160℃）时下锅。炒至原料水分稍干时，加调料煵炒入味，然后再加配料炒熟即可。

菜肴具有见油不见汁，质地酥中带软、味浓鲜香的特点，如盐煎肉，肉末豇豆、碎肉芹菜、肉末冬茸等。

三、熟炒

熟炒即炒制经过熟处理的原料。用旺火，五六成热油（油温约110~160℃），油不宜多，原料不码芡，下锅炒出香味后，先加调料炒入味，后加配料快速翻炒至熟起锅。成菜具有亮油不见汁、质地干香可口的特色。号称“川菜第一菜”的回锅肉就是熟炒的著名代表菜。

【回锅肉实例】

原料：猪连皮坐臀肉250克、蒜苗80克

调料：料酒10克、郫县豆瓣25克、甜酱15克、酱油10克、白糖5克、混合油50克

切配：将猪坐臀肉洗净，放进汤锅煮至皮软（筷子可戳动）时捞出晾一下，切成7厘米长、5厘米宽、约3厘米厚的肥瘦相连的肉片。蒜苗切成约3厘米长的马耳朵节。豆瓣剁细。

烹制：炒锅制过后，放混合油烧至六成热时，下切好的猪肉。炒至猪肉蜷缩成“灯盏窝”时，烹入料酒。待肉片水气渐开，开始吐油时下豆瓣炒至色红，下甜酱、酱油炒散，放入白糖炒匀。最后投入蒜苗炒至断生起锅。

回锅肉炒的时候出油很重要，如果没有炒出油就放调料，回锅肉就不香。根据季节情况，配料除用蒜苗外，还可以用蒜薹、青椒、大葱、甜椒、子姜、芹菜等时令鲜蔬代替。如果肉不煮而先经旱蒸，炒出则叫旱蒸回锅肉。

四、炝炒

炝炒是川菜中主要用于质地脆嫩的是先将干红海椒节与花椒在油锅内炒香后再下原料同炒，使麻辣味炝入原料。炝炒的菜蔬先要淘洗干净后沥干水分，炒时用旺火滚油，以七八成油温（170~220℃）为宜。原料入锅后迅速翻簸铲动，务使受热均匀，

及时烹入滋汁，炒至原料断生即可。炝炒要急火短炒，不能在锅内停留时间过久。否则，蔬菜会有很多水分，破坏了菜肴鲜脆清香的本色本味。炝莲白、炝黄瓜、炝凤尾、炝绿豆芽都是常见的家常炝炒素菜。

【炝莲白实例】

原料：莲花白 250 克

调料：干辣椒节 15 克、花椒 10 余粒、白糖 30 克、醋 25 克、味精 5 克、川盐 2 克、酱油 10 克、水豆粉 20 克、菜油 20 克

切配：莲花白洗净，将梗拍破，切成约 4 厘米菱形块，放盐炒匀码味约 5 分钟，入清水淘洗干净后沥干水分。干辣椒切成 1.5 厘米长的节。糖、醋、味精、酱油与水豆粉调成滋汁待用。

烹制：旺火热锅下油烧成七成热，放干辣椒节与花椒炸至金红色溢出香味时，下莲花白翻炒，待菜叶略蔫时，烹入调好的滋汁，炒熟起锅。

五、软炒

软炒，即炒制原料经加工成泥绒状或半流态的软嫩菜肴，依据原料不同粗加工的情况，软炒又有两种炒法。软炒特别强调制锅，一般要制两次，使炒锅油润光滑，原料才不易粘锅且受热均匀。

软炒那些先将原料经过蒸煮熟加工成泥绒的菜肴，如酥扁豆泥、胡豆泥、酥苕泥、土豆泥等时，用热锅温油，逐步加温的方法将原料炒至翻沙亮油，然后加糖、果料炒融化后出锅。成菜具有油润酥香、爽口的特点。

【酥胡豆泥实例】

原料：鲜嫩胡豆米 1 000克、白糖 200 克、水豆粉 10 克、化猪油 150 克

切配：嫩胡豆洗净，下锅加水煮熟，可略加少许盐使之保持嫩绿色泽不变，捞出去壳挤成豆泥，要求软绒无细颗粒。

烹制：炒锅制好后，中火放入化猪油烧至四五成油温，下胡豆泥炒至翻沙不粘锅，放白糖炒熔化，炒转后再加水豆粉勾芡以增加成菜的光泽，炒匀起锅装盘。软炒那些先将原料用汤或水调散，或加蛋或蛋清，并酌加水豆粉调匀成浓稠的米羹状的菜肴，如雪花鸡泥、雪花桃泥、白油嫩蛋、椿牙炒蛋、花生仁酥泥等，用旺火（或中火）热油，用油较其他炒法要多一些，快速翻拨至熟。成菜具有细嫩油润、软香滑口的特点。新鲜菜蔬的一种特殊方法。炝炒与生炒素菜不同之处。

第二节　烧菜的制作

烧是将加工成形的原料，或经过熟处理的半成品，再下锅加入汤水、调料，先用旺火烧沸，再改用中火或小火烧至成熟入味的方法。

从原料经过的初步熟处理来分，有原料先下锅经过汆、煸、炒、煎、炸等处理再加汤汁，旺火烧开，中火烧熟，最后旺火收汁起锅，成菜见汁见油的生烧，如生烧鸡翅、香菌烧鸡、葱烧裙边等；以及用加工成条块状的鸡、鸭、猪肉等熟料做原料来烧制，成菜迅速且质地软的熟烧，如大蒜肥肠、豆瓣肘子、姜汁热味鸡等。以成菜色泽分，有红烧、白烧；以突出某一味调料分，有酱烧、葱烧、家常烧（辣烧）。此外，菜中还有一种中火慢烧、自然收汁的干烧。不论采用那一种烧法，成菜大都有色泽美观，亮汁亮油，质地鲜香软糯的特点。

一、红烧

红烧菜肴呈深红、浅红或枣红色，适宜于本色较深的原料，

多借助于酱油、红酒、糖色等提色，使成菜色泽红亮、质地绵软。

红烧的原料一般要经过蒸、煮、煎、炸等制成半成品。烹制时，先打葱油，再加鲜汤，下原料，旺火烧开，打尽浮沫，加调料、糖汁等，改用中火或小火，使滋味渗入主料内部和收浓汤汁，直到原料绵软。依据成菜要求决定勾芡或不勾芡，旺火收汁起锅。如苕菜狮子头、红烧鱼、红烧肉、樱桃肉、神仙鸭子、红烧什锦、板栗烧鸡等。

【红烧什锦实例】

原料：油发蹄筋 200 克、油炸肉丸 200 克、熟鸡块 200 克、熟猪肚 100 克、熟猪心 100 克、熟猪舌 200 克、熟猪肉 200 克、熟冬笋 100 克、菜心 400 克

调料：盐 2 克、白酱油 20 克、葱白 30 克、老姜 10 克、胡椒粉 5 克、料酒 50 克、味精 2 克、化猪油 250 克、鲜汤 2 000 克、嫩糖汁、五香粉适量

切配：将熟肉、肚子、舌子、心子、冬笋切成骨牌片，熟鸡肉砍成一字条，蹄筋切成寸长的节，葱头切成节，老姜切长片。青笋、红萝卜切一字条。

烹制：炒锅制好后，放化猪油烧至六成热时，放入葱节、姜米、香料炒出香味，放入料酒，掺鲜汤放入主料（先放硬的、老的，后放嫩的），下盐、白酱油、嫩糖汁、胡椒粉，改用小火慢烧出味。烧的过程中放入菜心。入味后捞出放于盘内。再用漏瓢将锅内的什锦捞出放在盘内菜心上。锅内放入味精和水豆粉，勾二流芡起锅，淋于什锦上即成。

当什锦捞出放于盘内后，如果锅内再放入水发鱿鱼或者不发海参时，就叫海味什锦。比较高档的做法，配料还应该加入金钩、火腿、口蘑、瑶柱（干贝）等原料。

二、白烧

白烧的做法与红烧基本相同，差别在于不加酱油或糖色来提色，且用芡宜薄，以既能使原料入味，而又不掩盖基本色为好。从而保持了原料本身的颜色，有色泽素雅，清爽悦目，质地鲜嫩或绵软的特点。如白果烧鸡、火腿凤尾、干贝菜心、银杏白菜、白汁鲜鱼等。

【香菇烧鸭实例】

原料：鸭肉 500 克、鲜香菇 500 克、蒜瓣 100 克

调料：盐 5 克、胡椒粉 1 克、味精 1 克、水豆粉 15 克、鲜汤 1 000 克、化猪油 50 克

切配：鲜香菇（或水发香菇）淘洗干净撕片。鸭肉切成方块。

烹制：旺火，六成热油锅时下鸭肉炒香，加鲜汤烧开后下盐、胡椒粉，改用小火或微火慢烧至刚软软熟，加香菇，蒜瓣烧至软糯，放味精，用水豆粉勾薄芡，起锅装盘。

三、干烧

干烧是菜中常用于传统大菜的一种无芡汁烧法，适用于整条全鱼、鱼翅、鹿筋等原料，用中火慢烧，自然收汁，使汤汁和味道全部渗进原料内部或紧紧黏附在原料上，原料不码芡也不勾芡，成菜见油不见汁，油亮香浓；鲜醇味浓。如菜名菜干烧岩鲤、干烧玉脊翅、干烧鹿筋、干烧大虾以及家常选用普通原料烧制的干烧脑花、干烧芋脯、干烧臊子鱼等。

【干烧岩鲤实例】

原料：岩鲤一尾（1 000克左右）、火腿肥膘 50 克

调料：郫县豆瓣 100 克、醪糟汁 100 克、盐 5 克、料酒 50 克、姜米 30 克、蒜米 30 克、葱颗 20 克、醋 2 克、白糖 3 克、

味精 3 克、鲜汤 300 克、熟菜油 1 000，克（实耗 200 克）

切配：岩鲤剖洗干净，在鱼身两侧用直刀每隔约 3 厘米划一刀、刀深约 6 厘米。用料酒、盐抹匀全身使之腌渍入味。火腿肥膘切成绿豆大的粒。郫县豆瓣剁细。

烹制：炒锅置旺火中，下油烧至八成热，将鱼梭放入锅，炸至色金黄、鱼皮收缩稍现皱纹时用抄瓢捞起。锅内留油 50 克，放入火腿粒炒至酥香，铲入盘内。锅内再下油 100 克烧热，用中火将郫县豆瓣炒至油呈红色、香味溢出，加入鲜汤烧沸出味。捞出豆瓣渣不用，放入鱼和炒酥的火腿粒，姜米、蒜米、醪糟汁和白糖，将锅移到小火上慢烧约要 20 多分钟才能使汤汁和调味充分渗透于鱼肉之中。在烧的过程中注意当鱼的一侧烧透入味后，轻轻将鱼身翻面。烧至汁稠鱼熟时加入味精和醋，把锅提起经转动，使其不巴锅；同时，不断把锅内汤汁舀起，淋在鱼身上，至亮油不见汁时，撒入葱颗推匀，起锅装入条盘。

若无岩鲤，也可用鲤鱼、草鱼等，相应改称干烧鲤鱼或干烧鲜鱼、干烧鱼。

四、葱烧

葱烧以葱为主要配料，要求突出葱的清香味，烧法与红烧相似。烹调时，选较粗的葱白切节拍破，在温油锅中煸炒。然后放入经过蒸煮、煎炸或用汤汆过的主料，用旺火烧开后加调料，改用中火或小火烧至成熟入味，勾芡收汁起锅。成菜亮油亮汁、颜色清爽、富有较浓郁的葱香。如葱烧全鸡、葱烧海参、葱烧牛筋、葱烧鱼条、葱烧全鱼。

【东坡肉实例】

原料：猪五花肉一方约 750 克

调料：老姜 25 克、花椒 10 余粒、盐 5 克、冰糖 50 克、葱 50 克、料酒 25 克、酱油 15 克、菜油 30 克切配：五花肉刮洗干净、入沸水锅内煮约 10 分钟，除去血污，捞起晾干水气。冰糖一半炒成金黄色的糖汁，趁热微温时在肉皮上抹一层薄糖色。葱切成段、姜拍松。

烹制：油在锅内烧至八成热，将猪肉肉皮向下放入不断舀油浇淋，炸成金黄色时铲出。

用汤锅（砂罐最佳），下垫竹篾巴（或用剔肉的鸡骨、鸡爪或猪骨等更好）以防止糊锅。将肉皮向上放入加酱油、糖色、冰糖、料酒、盐、花椒、葱和姜等调料，再掺入 300 克鲜汤淹过猪肉。在旺火上烧沸后改用小火，烧至七成时，将猪肉翻面继续烧装入盘内。

去掉锅内滋汁中的葱姜，收浓后淋在猪肉上即可。

第三节　煸菜制作

干煸也叫煸炒，是川菜中极具特色、而操作技术难度较大的一种烹制方法，烹制时要将已加工成丝、条的原料不上浆不勾芡、炒熟煸干至脱水，达到酥软干香。由于干煸在整个烹调过程中要多次变换火候，它们各自含水量的水分及纤维结构又有所不同，质地老嫩也存在着千差万别，要使干煸菜肴达到酥软干香，应根据原料的不同特征来运用火候。

一、煸鲜嫩蔬果

干煸素菜常用的原料有冬笋、春笋、篙笋、萝卜、辣椒、四季豆、豇豆与苦瓜等。这些材料含的水分较多，新鲜脆嫩。烹制时都常先用旺火滚油炸，使原料表面脱水，一般都炸至植物性原料表面起细微的皱纹，色略黄即可；然后再以小火煸炒至锅中见油不见水，有的烹少许醪糟汁或料酒，清除蔬菜中的生味，或加冬菜末、瘦肉末、精盐、味精等调配料，继续煸炒至干香酥软。

干煸素菜具有酥软鲜嫩、干香味醇的特点。

【虎皮海椒实例】

原料：青辣椒500克

调料：川盐2克、醋25克、味精2克、香油5克、菜油50克

烹制：鲜嫩青辣椒去蒂洗净，放进中火无油干锅中煸炒，待两面起泡起皱后，下菜油、川盐炒转起锅，装盘加入醋、味精、香油。

二、煸禽畜肉类

干煸禽畜类原料常用的有牛羊肉、瘦猪肉、兔肉、鳝鱼、鱿鱼等。这些原料含水量适中，纤维质较长、结构紧密，富含蛋白质，且有腥膻臊味。按传统的烹制方法是用旺火滚油将原料水气煸干，直到锅中见油不见水时，然后移至中火上加调配料煸炒至干香成菜。这样几次变换火候，成菜有酥软干香，回味悠长的特点。

【干煸鳝鱼实例】

原料：鲜鱼片400克、黄豆芽100克

调料：姜丝15、蒜丝10克、郫县豆瓣25克、料酒15克、酱油10克、醋3克、川盐2克、味精2克、花椒面1克、糖1克、菜油120克

切配：鳝鱼片切成6～8厘米长，筷子头般粗的鳝丝，洗净血水沥干。黄豆芽掐去根脚，洗净沥干。豆瓣剁细。

烹制：炒锅置旺火上，放少许菜油烧热，将黄豆芽煸炒至断生，加毛毛盐炒匀出锅待用。

炒锅炙好，置旺火上，下菜油烧至七成热，放鳝丝爆炒至水分干时，再烹入料酒煸炒。待酒挥发后，下豆瓣南炒上色，下姜、蒜丝炒出香味，继放盐，改用小火煸至鳝片酥软吐油时，下

糖、味精、醋稍炒几下，投进已煸熟黄豆芽推匀，起锅滴进麻油，装盘后撒上花椒面即成。

第四节 熘菜制作

熘是将经刀工处理成丝、丁、片、块的小型原料或整条鱼等原料，进行蒸、炸、过油等熟处理，再用芡汁粘裹成菜的烹制方法。由于菜肴的要求不同，分为鲜熘和炸熘两种方法，它们共同的特点是成菜都具有特别滑嫩的口感。熘菜之所以滑嫩，是因为选用质地疏松细嫩且含水分较高的原料，并在烹调中码味码芡穿衣与中火温油加热，尽量保持了原料的水分。

一、鲜熘

鲜熘多用于烹制质地细嫩的离畜肉和鱼肉等，温油滑散、中火收汁。原料码味码芡后，放入中火、较宽油量、三四成热（60～80℃）低油温锅内，低油温下原料水分挥发甚微，基本保住了原有水分，所以显得特别鲜嫩。过油后，改用中火，下配料稍炒一下后，再与其他原料混炒，烹入滋汁推匀起锅。熘菜的滋汁不要多，以恰恰能黏附住原料，使其上味为准，成菜装盘后亮油不见汁。如京熘鸡丝、京熘鸭肝、醋熘鸡、鲜熘鱼片、包肉片等。

【鲜熘鱼片实例】

原料：净鱼肉 250 克、冬笋 40 克、水白菜心 50 克、鸡蛋 1 个

调料：蛋清豆粉 45 克、水豆粉 10 克、盐 3 克、味精 2 克、葱白 10 克、生姜 5 克、蒜 5 克、胡椒粉 0.5 克、料酒 10 克、香油 2 克、鲜汤 100 克、化猪油 400 克（实耗 100 克）

切配：将净鱼肉去皮后，再改切为 3 厘米左右的薄片，码上

盐、蛋清豆粉待用。小白菜洗净后用几颗菜心，冬笋切薄片，冬笋片先用沸水煮熟。葱切马耳朵、姜蒜切片。滋汁碗内放入川盐、胡椒粉、味精、水豆粉、一半料酒、鲜汤。

烹制：炒锅制好后，放化猪油烧至四成热时，放入码好味的鱼片，用竹筷轻轻拨散，散籽后滗去多余的化猪油，烹入料酒，放入葱节、姜蒜、冬笋片、水白菜心炒转，烹入滋汁，用炒瓢轻轻推转，待收汁后滴几滴香油起锅即成。

此菜可选用新鲜的乌鱼、草鱼或鲤鱼。片鱼片时，要求鱼片大小一致，厚薄一样。鱼片应先去皮，后开片，片张不宜过薄，码芡时手要轻。配料所用的除冬笋、小白菜心外，还可用水发玉兰片、豌豆尖、菠菜心等代替。溜鱼丝可参照此方法，但切鱼丝时不能切成细丝，以二粗丝为最好。

二、炸熘

炸熘多用于整鱼或大块的禽畜肉原料烹制的菜肴，先将原料码味穿衣后（抹上蛋清豆粉或水豆粉）置旺火、中油温锅内炸定型后捞出，临走菜前，再将其入高油温锅内重炸一次，至皮酥脆时，起锅入盘，浇上另锅烹制好的滋汁（或入另锅裹上先已烹制好的滋汁）。成菜特点是外酥内嫩，如糖醋脆皮鱼、糖醋里脊、鱼香八块鸡、荔枝鱼块、粉条鸭子等。

【糖醋脆皮鱼实例】

原料：鲜鱼一尾约 750 克

调料：盐 10 克、料酒 15 克、葱丝 15 克、泡红辣椒丝 10 克、水豆粉 100 克、白糖 55 克、醋 65 克、白酱油 15 克、姜米 10 克、蒜米 20 克、葱花 20 克、味精 1 克、香油 10 克、鲜汤 300 克、菜油 1 500克（耗 100 克）

切配：鱼剖洗干净后，在鱼身的两边先用立刀割进后再用平刀片进，使鱼肉呈片状。一条鱼根据长短大致可以割五至七片

（两边的片数要一样）。割完后抹上盐、料酒待用。葱丝和泡红辣椒丝用清水漂起待用。

烹制：炒锅制好后放熟菜油烧至七八成热时，提起尾将鱼全身抹上水豆粉。待鱼的两边刀花纹翻起时，提到油锅中先舀一点烫油淋在鱼上定型，然后肚腹向下，轻而迅速地把鱼放入油锅内，炸至皮酥肉嫩时，捞出放于盘内。炒锅内留少许烫油，放姜米、蒜米炒出香味，烹料酒掺汤烧沸后放川盐、白酱油、白糖、醋、味精、水豆粉收汁浓味，放葱花、香油起锅淋于鱼身上，再撒上葱丝和泡红辣椒丝即成。

鲜鱼可用草鱼、鲤鱼，片鱼的时候要注意两边的花子要一样大、对称。炸鱼油温不宜太高太低。一般来讲七成热油温比较适宜。炸的时候要保持鱼的形态完整。滋汁多少要适当。醋可以在临起锅前放入。

第五节　爆煎烘菜制作

一、爆菜

爆也叫爆炒、火爆，是将质地嫩脆的猪肚头、肝腰，鸡鸭、肝、鲜鱿鱼、墨鱼，螺贝等原料，用花刀处理成块状，旺火高温热锅旺油，原料入锅爆炒翻出花子，临时码味码芡、烹滋汁，快速翻炒起锅的方法，是一种技术难度较大的烹调方法。爆炒菜肴特点是成菜迅速，质嫩脆滑，紧汁亮油、花型美观，如火爆什景、火爆肚头、火爆肝腰、火爆双脆等。

爆菜用旺火滚油，往往在短短 1 分钟左右时间就加热成熟，因此对选料和刀功都有一定的要求。除了一般都选用脆嫩无骨的原料外，主料大多要用花刀，改成整齐划一的小块，以增加原料的受热面，保证原料受热均匀。同时，迅速成熟。花刀后的原料

在高热条件下，表面翻卷成各种美观形状，菜肴不但好吃，而且好看。有经验的厨师常将花刀后的原料加少量食用碱码一下再漂去碱味，以促进原料的吸水性能，成菜后表面光泽，增加脆嫩口感。

因为爆菜的主料脆嫩多汁，要求配料也选用木耳、冬笋、葱白、豌豆尖等既嫩脆，又易熟的软俏头，以适合爆菜快速成菜的要求。

爆菜主料在码味码芡时是即码即炒，且芡不宜稀，以免码味时间过长，使原料“吐水”，造成脱芡掉浆，影响菜肴质量。爆菜的火候是决定菜肴脆嫩爽口的重要技术关键。无论是将原料过油，或是小油量爆炒一锅成菜都要旺火滚油，油温八成热左右，约 180 ~220℃。原料下锅后，受热均匀。火爆菜被行家们称为“抢火菜”，所谓“抢火菜，要抓快”。因此，烹炒前做好制锅、兑滋汁、配好大小俏头等准备工作，否则，主料下锅后转瞬之间的耽搁或延误，都会使菜肴质老绵韧，失去风味。

【火爆腰花实例】

原料：猪腰 2 个（约 200 克）、青笋 60 克、水发木耳 30 克

调料：泡红辣椒 2 根、盐 5 克、胡椒粉 0.5、味精 1 克、白糖 0.5 克、醋 2 ~3 滴、水豆粉 25 克、姜 5 克、蒜 5 克、料酒 5 克、葱 25 克、混合油 70 克

切配：猪腰撕去油膜、洗净，对剖后片去腰骚。按三刀一断，划成粗约 0.6 厘米、长约 6 厘米的凤尾花块。青笋切成比筷子条略小的 3 厘米长小条，再码上少盐，几分钟后挤干水分待用。葱和泡红辣椒切成马耳朵形，姜、蒜切片。将盐、胡椒粉、味精、白糖、醋、水豆粉兑成滋汁待用。

烹制：炒锅制好，置旺火上，下混合油烧至七成熟时，速将腰花入碗加盐与水豆粉码匀投入锅内，再放姜蒜片入锅一道爆炒。待腰花伸条散籽翻花时，烹入料酒，放入青笋条、葱节、泡

红辣椒、木耳一起炒，随时快速烹入滋汁，翻簸几下，收汁亮油起锅即成。

这一份火爆腰花的主辅料较少，因此，兑滋汁要适量，多或少了都达不到散籽亮油的要求。白糖和醋用量极少，主要是起调味的作用，吃味还应该是咸鲜味。

二、煎菜

煎是用中火或小火、中油温，将加工成糊状或饼状的原料，煎成一面或两面酥黄。有的菜如煎蛋、煎茄子蛋、番茄蛋可直接成菜，有的菜如椒盐虾饼、合川肉片等则要与炸、炒、熘、烧等其他烹调方法配合。

煎菜原料是否码芡，依据菜肴要求而定，主料下锅后，先煎一面，至色黄酥脆时，再翻面煎制。成菜后一般具有外酥内嫩的特点。如属煎烧一类的菜肴，其特点则为外绵软内细嫩。

【椒盐虾饼实例】

原料：鲜虾 500 克、熟火腿 50 克、慈姑 50 克、猪肥膘 150 克、糖醋生菜 200 克

调料：蛋清豆粉 65 克、盐 1.5 克、料酒 10 克、味精 1 克、胡椒粉 1 克、香油 1 克、椒盐味碟 1 个、化猪油 250 克（耗 50 克）

切配：鲜虾用手挤成虾仁。猪肥膘、慈姑洗净，与火腿均分别切成如黄豆般大的颗粒。然后，加入虾仁、蛋精豆粉、精盐、料酒、胡椒粉、味精调匀成馅。

烹制：炒锅置中火上，用少许油制锅后，放油 50 克、烧热后，将馅用调羹舀入油锅，摊成每个直径约 4 厘米的圆饼，逐个摊完，煎至鹅黄色时，将其余化猪油倒入锅内，使之淹没虾饼，逐渐浸炸透炸熟。滗去余油，淋上香油起锅入盘，镶上糖醋生菜，随带椒盐味碟上席。

三、烘菜

烘，主要用于各种蛋品烹制的菜肴。将调制好的原料放入适量的油锅中，加上锅盖或用大碗扣，先中火后小火，使之松泡、成熟的烹制方法。成菜有皮酥香，肉松泡的特点。如鱼香烘蛋、椿芽烘蛋、泸州烘蛋、松花肉等。

【鱼香烘蛋实例】

原料：鲜鸡蛋 8 个

调料：泡红辣椒 30 克、酱油 10 克、醋 3 克、盐 2 克、白糖 10 克、味精 2 克、葱花 10 克、姜米 5 克、蒜米 5 克、水豆粉 10 克、化猪油 175 克

烹制：将炒锅制后，放化猪油和姜、蒜米，炒出香味再放剁细的泡红辣椒一起炒一下，掺汤放白酱油、白糖、醋、水豆粉，味正后收汁浓味放葱花待用。

用另一口炒锅制好后，放化猪油烧至七八成热时，将碗内的鸡蛋（鸡蛋打散加少许水豆粉一起调散）倒进锅中，用木盖盖上改用小火烘制，一面黄酥后再翻转烘制另一面至烘蛋发泡、发酥时，捞出放入盘内淋上勾制好的鱼香滋汁即成。

此菜的操作顺序，一般是先做好鱼香滋汁然后再烘蛋，蛋烘好淋上滋汁。烘蛋的方法有两种：一种是蛋倒下锅后盖上锅盖，用小火烘制而成；另一种是用烫油冲，先把锅内汤油倒一半出来，蛋倒入锅内后，再将倒出的烫油对准蛋冲下去而成。

第七章　制作冷菜

第一节　冷菜调味汁

1. 麻辣味汁

【配方】（配制 20 份菜）

红油海椒 30 克（或红油 100 克），花椒粉 20 克，红酱油 30 克（如老抽需加水稀释），精盐 30 克，味精 20 克（碾粉），白糖 30 克，料酒 50 克，姜末 20 克，小麻油等味料加开水 750 克（或鲜汤）调制而成。

【配制说明】

本配方味重，口感麻辣、咸鲜、略带回甜，属四川口味。可调制成味汁浇淋凉菜，也可将以上调料直接拌制肚丝、卤牛肉等。此味型红油、花椒粉（或花椒油）要重。

2. 红油味汁

【配方】（配制 20 份菜）

红油 100 克，酱油 50 克，味精 20 克，白糖 30 克，料酒 75 克，蒜泥 50 克，精盐约 20 克，姜末 20 克，五香粉 15 克等味料加开水 750 克（或鲜汤）调制而成。

【配制说明】

本配方属四川口味，以咸鲜香辣味为主，红油味较重，略带回甜。可调制成味汁浇淋凉菜，也可直接拌入卤牛肉片，夫妻肺片等凉菜中。

3. 五香味汁

【配方】（配制 30 份菜）

八角 10 克，桂皮 5 克，丁香 2 克，草果 2 克，甘草 2 克，香叶 2 克，沙仁 2 克，山柰 2 克，小茴 3 克，精盐约 20 克，料酒 50 克，酱油 50 克，白糖 10 克，味精 10 克，姜末 20 克，小麻油 100 克等。

【制法】

将以上香料加清水或鲜汤 1 200 克，小火烧开 5 分钟后加入味料并倒入容器中，用小麻油封汁焖泡 15 分钟后即可使用。

【配制说明】

本配方以五香咸鲜味为主，可直接淋入切好的凉碟中，也可将香料渣去掉，将汁直接拌入卤菜，另外，可适量加入红油。一般适宜拌肉类卤制品。

4. 棒棒味汁

【配方】（配制 15 份菜）

芝麻酱 50 克，生抽 100 克，白醋 50 克，精盐 20 克，红油 30 克，葱花 5 克，味精 15 克，小麻油 20 克，花椒油 10 克，白糖 10 克。

【制法】

将以上调料入碗碟调匀即成，如口味过重可适当对入清水，调匀后淋入凉菜中或拌入肚丝、鸡丝中即成。

【配制说明】

棒棒味近似怪味，特点是芝麻酱味略浓，可拌鸡丝、肚丝、白肉等，口感香辣酸甜。

5. 蒜泥味汁

【配方】（配制 30 份菜）

蒜泥 250 克，精盐 50 克，味精 50 克，白糖 30 克，料酒 50 克，白胡椒 20 克，色拉油 100 克，小麻油 50 克。

【制法】

将以上调料加入清汤或凉开水750克搅拌均匀，然后放入色拉油及小麻油拌匀即成。

【配制说明】

此配方汁可直接淋入装盘的鸡丝、肚丝、拌白肉等凉菜中，也可拌入原料然后装盘。蒜泥味汁一般多用于白煮类凉菜，所以，不用酱油，其口味特点是蒜香浓郁，咸鲜开味。

6. 茄汁味汁

【配方】（配制20份菜）

番茄酱200克，白糖300克，精盐15克，白醋50克，蒜泥30克，姜末10克，色拉油200克。

【制法】

将色拉油入锅烧热后下蒜泥及番茄酱炒香，再加入清水500克及以上调料炒匀即成。

【配制说明】

此茄汁可淋浇鱼丝、里脊丝等丝状凉菜中，如遇马蹄、鱼条、藕条则将原料炸制后再入锅中同茄汁炒入味，炒制时不能勾芡，要以茄汁自芡为主。味型酸甜、蒜香。

7. 陈皮味汁

【配方】（配制30份菜）

陈皮50克，碎干椒20克，花椒末15克，碎八角15克，精盐30克，白糖15克，料酒30克，姜片15克，葱白15克，红油100克。

【制法】

将陈皮剁成碎末，与以上香料放入锅中略炸后加入清水750克烧开。将卤汁倒入容器并淋入红油，焖泡30分钟后去掉碎渣物即成。

【配制说明】

本味汁可直接拌入或淋入装盘的凉菜中。而陈皮牛肉、陈皮白肚丁等凉菜可直接在锅中收汁上味，但要注意炒出红油味。味型特点是麻辣鲜香，陈皮味浓。

8. 糖醋味汁

【配方】（配制 15 份菜）

白糖 250 克，大红浙醋 150 克，精盐 8 克，蒜泥 20 克，姜末 10 克，酱油 10 克，色拉油 50 克，小麻油 50 克。

【制法】

将以上调料加清水 250 克在锅中熬化后淋入小麻油即成。

【配制说明】

此糖醋汁常用于凉菜中的糖炙骨、熏鱼等，一般是将腌制入味的原料炸熟后用糖醋汁在锅中收上卤，出菜时再淋入此汁，糖醋汁在锅中熬制时一定要有浓稠感为佳。

9. 姜汁味汁

【配方】（配制 20 份菜）

去皮净姜 250 克，白醋 100 克，精盐 50 克，白胡椒 15 克，味精 25 克，色拉油 100 克，小麻油 50 克。

【制法】

将净姜剁成姜茸，加凉开水 750 克及以上调料搅拌呈姜汁状后调入色拉油和小麻油即成。

【配制说明】

此姜汁最好在食品搅拌器中搅成茸汁，如浇淋凉菜可只用其汁，如拌制鸡丝、肚丝、口条等，可连姜茸一起拌均匀。味型特点是开味解腻，略带辛香味。

10. 果汁味汁

【配方】（配制 15 份菜）

果酱 100 克，绵白糖 200 克，白醋 50 克，酸梅酱 50 克，精盐 5 克，柠檬香精 1 克。

【制法】

将以上调料加少许果汁饮料调拌均匀即成。如拌水果丁用可不加果汁饮料，因水果透水。如制鱼球、鱼点、肉丁等凉菜，可将原料挂糊炸熟，然后在锅中收汁。

【配制说明】

果汁味常用于春夏季凉菜，并多制为无腥腻的水果黄瓜，一般不加蒜泥，如需作收汁类的鱼球、鱼点等可适当加入姜末。味型特点是酸甜、解油腻、果香浓郁。

11. 鱼香味汁

【配方】（配制 15 份菜）

姜末 50 克，葱白 50 克，泡红椒末 50 克、蒜泥 50 克，精盐 15 克，白糖 20 克，香醋 30 克，生抽 50 克，味精 30 克，红油 100 克，小麻油 50 克。

【制法】

将以上调料拌和均匀后再加入白煮的凉菜中，如熟鸡片、肚片、毛肚、白肉丝等。

【配制说明】

鱼香味型咸鲜、酸辣、回甜，并要重点突出姜葱味。

12. 咸鲜味汁

【配方】（配制 20 份菜）

生抽 500 克，味精 20 克，姜末 30 克，碎八角 15 克，碎花椒 5 克，料酒 50 克，白糖 10 克，色拉油 50 克，小麻油 50 克，葱白 30 克。

【制法】

将以上调料加清汤或开水 250 克调拌均匀后浸泡 15 分钟即成。如用老抽只需 50 克左右，另要多加约 500 克水或汤汁兑成。

【配制说明】

此味水多用于肉类、鸡鸭及腑脏卤制凉菜的调味，如果浇淋白肚、白鸡之类凉菜，即可用白酱油调制而成，亦称“白汁味”。

13. 怪味味汁

【配方】（配制30份菜）

白酱油300克，姜茸30克，蒜茸30克，花椒粉10克，白糖15克，香醋75克，葱白30克，芝麻酱50克，味精20克，十三香粉（或五香粉）10克，小麻油75克，料酒50克，红油100克。

【制法】

将以上调料加开水250克调匀即成。此汁可直接浇淋凉拌菜也可拌制凉菜。

【配制说明】

此配方有去腥、解腻、提味的作用，多适用于鸡、鸭、野味类卤制品的调味。此味型可将原料在锅中收汁，如肚丁、鸭丁、口条丁、牛肉丁等。味型咸甜、麻辣、酸香兼备。

14. 香糟味汁

【配方】（配制10～15份菜）

福建红糟100克，绍兴酒100克，精盐20克，味精20克，花椒末5克，姜末10克，葱白末20克，白糖10克。

【制法】

将以上调料加鲜汤200克在锅中烧开晾凉即可，烧制时料酒、葱白出锅后再放入。

【配制说明】

此配方可直接浇入切好的凉菜中，如果为整块白鸡、白肉等，可将原料用此味汁浸泡入味后再解刀装盘。浸泡原料的味汁，可将花椒、姜、葱等整块放入。

15. 麻酱味汁

【配方】（配制 15 份菜）

芝麻酱 100 克，精盐 15 克，味精 15 克，白糖 10 克，蒜泥 15 克，五香粉 5 克，色拉油 50 克，小麻油 50 克。

【制法】

先将芝麻酱用色拉油调开，再将以上调料加入调匀即成。

【配制说明】

此配方常用于拌白肉、拌鸡丝、拌白肚、口条等腥味较小的动物性卤制品调味。味型特点是酱香、咸鲜。

16. 椒麻味汁

【配方】（配制 15 份菜）

花椒 30 克（去籽），小葱 150 克，香醋 30 克，白酱油 150 克（如用盐可加少量凉开水将盐化开），味精 15 克，小麻油 30 克，色拉油 50 克。

【制法】

将花椒斩成粉末，小葱切末后与花椒粉同斩成茸，然后加入以上调料拌匀即成。

【配制说明】

此味汁多用于动物性凉菜的拌制调味，其干炸制品的凉菜则用于味碟。味型特点是麻、香、咸鲜。

17. 芥末味汁

【配方】（配制 15 份菜）

芥末粉 200 克，精盐 30 克，味精 15 克，白醋 50 克，料酒 50 克，白糖 10 克，小麻油 50 克。

【制法】

将芥末用热水化开，再加入以上调料搅拌后直接淋入原料中。

【配制说明】

芥末味汁常用于拌白肉、鸡丝、肚丝等凉菜，并多在夏季使用。北方芥末常与芝麻酱配合调味，其味型特点是提神、解腻、开味等。

18. 葱油味汁

【配方】（配制 20 份菜）

香葱末 150 克（要葱白），洋葱末 100 克，精盐 30 克，味精 20 克，白胡椒 10 克，白糖 10 克，料酒 50 克，花生油 200 克。

【制法】

将以上调料入容器中拌匀，再将花生油烧热淋入调料中即成。

【配制说明】

葱油味汁常用于白鸡、白肚丝、白肉丝的调味，其味型特点是葱香、咸鲜、解腥、提味等，多用于春夏季节。

19. 咖喱味汁

【配方】（配制 20 份菜）

咖喱粉 75 克，精盐 30 克，洋葱末 100 克，味精 15 克，料酒 30 克，花生油 200 克。

【制法】

用花生油将洋葱末略炸后再倒入咖喱粉及以上调料拌匀即成。

【配制说明】

牛肉、咖喱鸡丝等，也可将腌制的鱼块、鸡块炸熟后收汁，其味型特点是咸辣、鲜香、开味。

20. 色拉味汁

【配方（一）】（配制 10 份菜）

色拉酱 2 支（塑料管装，每支约 50 克），卡夫奇妙酱约 30 克，炼乳 30 克同置碗内搅拌均匀即成。

【配方（二）】（配制10份菜）

卡夫奇妙酱100克，蜂蜜30克共同搅拌均匀即成。

【配方（三）】（配制10份菜）

用生鸡蛋黄4个，色拉油150～200克，白醋20克，白糖20克，芥末粉10克，共置碗内调制均匀即成。注意调制时将蛋黄置入碗中，先加少许色拉油，并用筷子搅拌，待蛋黄与油融合后再加油搅动，最后用白糖、白醋、芥末等调料搅拌均匀即成。

【配制说明】

以上配方（一）是在有色拉酱的情况下的调配方法；以上配方（二）粤菜中使用较多，但成本较高；以上配方（三）为传统配制方法，成本较低。

色拉味汁常用于各种水果丁，黄瓜丁，土豆丁（需除水）的拌味使用，能起到增味、增香、增鲜、增色的效果。

21. 咸香味汁

【配方】（配制30份菜）

蒜茸200克，姜末50克，十三香粉20克，精盐约30克，味精粉20克，白糖10克，白胡椒粉10克。

【制法】

将以上配方置碗中，再将色拉油250克入锅烧热，倒入调料中拌匀即成。

【配制说明】

此咸香汁常用于凉菜咸香鸡、白切鸡、白肚的拌制调味。此制法是根据粤菜方法调制。

22. 蒜茸油汁

【配方】（配制30份菜）

蒜茸250克，精盐约50克，味精粉30克，白糖15克，料酒50克，白胡椒10克，花生油300克。

【制法】

将以上调料及蒜茸同置一容器中拌匀，再用花生油或色拉油烧六成热后倒入调料中搅拌均匀即成。

【配制说明】

此蒜茸汁是油汁型味汁，常用凉菜的白鸡、金钱肚、白肚、盐水口条等凉菜的拌制，属咸鲜蒜香味型。

23. 姜茸油汁

【配方】（配制 30 份菜）

姜茸 200 克，精盐约 50 克，味精 30 克，白糖 10 克，料酒 50 克，色拉油或花生油 250 克，白醋 50 克。

【制法】

把姜茸置于食品搅拌器并加入凉开水 200 克搅拌 2 分钟，让其呈姜茸汁状，然后加入以上调料搅匀后装入容器中，花生油烧六成热后倒入茸汁中即成。

【配制说明】油水混合汁，常用于白肚、心头、口条、鸭块等凉菜的拌制。

24. 酸辣味汁

【配方】（配制 20 份菜）

野山椒 2 小瓶，白醋 100 克，精盐 20 克，味精 15 克，小麻油 50 克。

【制法】

将野山椒同辣水用搅拌机打成茸，再加入以上调料及凉开水 500 克调拌均匀后入容器，并淋入麻油即成。

【配制说明】

此配方常用于酸辣白肚丝，酸辣卤牛肉，酸辣白鸡等凉菜调味之用。

25. 京酱味汁

【配方】（配制 30 份菜）

甜面酱400克，味精15克，白糖30克，色拉油100克，小麻油50克。

【制法】

将以上调料入容器调拌均匀后蒸10分钟或者入铁锅炒制而成。

【配制说明】

此配方咸鲜回甜，适合于京酱拌白肉、京酱拌鸡丝、京酱拌里脊丝，京酱拌豆芽等凉菜。

26. 麻香京酱汁

【配方】（配制30份菜）

甜面酱200克，芝麻酱200克，白糖30克，味精15克，色拉油100克。

【制法】

将甜面酱用色拉油在锅中炒香后再加入芝麻酱白糖、味精拌匀即成。

【配制说明】

此酱香咸回甜，适合于拌北方凉菜，如白肉、卤肠、鸭丁等。

27. 白汁味汁

【配方】（配制20份菜）

姜片20克，蒜片20克，花椒2克，八角5克，精盐25克，葱白20克，味精5克，白胡椒2克，露酒10克，清汤500克，色拉油50克。

【制法】

将以上调料入容器中，汤烧沸后冲入调料中搅匀后冷却浸泡2小时后沥去渣，并拌入色拉油即成。

【配制说明】

此配方咸鲜本味，适用于各种花碟及白鸡白肚的调味。

28. 椒麻油味汁

【调制】（配制 20 份菜）

将嫩一点的鲜姜 250 克入搅拌器搅打成末（搅时可加少量水），然后挤去水后加葱白 200 克，精盐 50 克，味精 30 克，糖少许入容器中，淋花生油 400 克，小麻油 100 克搅拌成油汁即成。

【配制说明】

此味料为咸鲜姜汁葱香味，常用于椒麻白肚丝、椒麻鸡等凉菜拌味，也可单独作味碟使用。

29. 沙姜鸡味汁

【调制】

将沙姜粉、精盐、味精、白糖（少许）、料酒等味料加花生油搅拌均匀呈油味汁即成。

【配制说明】

此味型香辣咸鲜、去腥解腻，常用于白鸡、白肚、白肉等凉菜拌味。

30. 葱油鸡味汁

【调制】（配制 20 份菜）

将洋葱末 150 克、蒜泥 150 克、精盐 50 克、味精 30 克，白胡椒 10 克，白糖 10 克等调料共同拌匀，然后用花生油 250 克入锅炒制成油汁即成。

【配制说明】

此葱油汁咸鲜葱香，常用于葱油鸡、葱油肚丝、葱油蜇皮等调味，也可作为涮菜味碟之用。

31. 烧鸭京酱汁

【配方】（配制 30 份菜）

甜面酱 500 克，豆瓣酱 100 克（剁碎），芝麻酱 100 克，花生酱 100 克，五香粉 20 克，白糖 30 克，味精 30 克。

【制法】

将以上调料置于容器中加适量色拉油搅拌均匀后上笼蒸 10 分钟即成（炒制也行）。

【配制说明】

此配酱不但用于烤鸭，也可用于油淋乳鸽，脆皮肥肠，香酥全鸭，香酥鸡等味碟使用。

32. 川式香辣酱

【配方】（配制 20 份菜）

甜面酱 100 克，花生酱 50 克，荆沙豆瓣酱 50 克（剁碎），海鲜酱 50 克，牛肉松 50 克，红油 100 克。

【制法】

将以上调料共置于容器中搅拌均匀或用少量色拉油在锅中炒至均匀即成。

【配制说明】

此配方常用于香辣凤爪、香辣凤翅、香辣白肚片等，属香辣酱香型口味。

33. 川式香油

【配方】（配制 20 份菜）

菜籽油 2500 克，八角 50 克，桂皮 50 克，京葱段 200 克。

【制法】

将菜籽油入锅烧六成热，下八角、桂皮、京葱段炸香后倒入容器中，去掉香料及葱渣即成。

【配制说明】

此香油用于川式凉拌菜之用，属药料香型，适宜调制心头、口条、卤肚、卤鸡、卤鸭、卤肠。

34. 川式红油

【配方】（配制 20 份菜）

干碎红辣椒 2500 克，八角 100 克，桂皮 100 克，紫草 100

克，大葱 200 克，菜籽油或用过余油 10 千克以上。

【制法】

将碎红干椒先用温油泡涨吸尽油分，再将大部分油烧热后投入八角、桂皮、紫草、大葱等，待炸香后将香料捞出，将净油倒入辣椒中即成。(香料如未炸尽可另作他用)。

【配制说明】

此红油加了香料后呈香辣川式红油，可用于各种凉菜及卤制品的调味。

35. 凉菜各种油碟

(1) 花椒油碟。用花椒油、生抽、精盐、白糖、味精调拌而成。

(2) 红油味碟。用红油、白糖、精盐、味精调拌而成。

(3) 蒜泥油碟。用大蒜泥、色拉油、小麻油调拌而成。

(4) 姜汁油碟。用生姜丝（末)、红醋、色拉油、小麻油调拌而成。

(5) 麻辣油碟。用花椒油、红油调拌而成。

(6) 芥末油碟。芥末加胡萝卜茸、红椒末、洋葱末，淋七成热油而成。

(7) 五香油碟。八角、桂皮、草果、小茴，陈皮等碾碎后，淋七成热油而成。

(8) 咖喱油碟。用咖喱油、红油、洋葱末调拌均匀即成。此姜茸呈用咖喱味汁可直接淋入熟制的动物性原料凉菜。

第二节　冷菜的装盘

一、冷菜拼装的形式

冷盘的类型从内容上分为单拼、双拼、三拼、什锦拼盘、花色冷盘等。

（1）单拼。单拼也叫独盘、独碟。就是每盘中只放一种冷菜原料种形式的装盘，有圆形、桥形、马鞍形、三角形等。

（2）双拼。双拼是将两种不同原料拼在一起。不但要讲究刀工整齐里安排色彩，适当搭配原料，使冷盘丰满美观。

（3）三拼。三拼是将 3 种不同原料拼在一起，要求与双拼同。四拼五拼也是同样方法，只是多加几种原料。

（4）什锦拼盘。什锦拼盘是将许多不同色彩的原料，经过切配拼置在一大盘中。拼盘技术要求严格，刀工热练，讲究原料色、味交错，块形一致，大小相仿，共同构成一个整体。美观大方、精巧细腻、色彩绚丽。

根据原料是否带骨及拼装是否讲究表面平整，分为什锦冷盆和平面什锦冷盆两种。

（5）花色拼盘。花色拼盘将各种成品原料加工切配好，在选好的盘内拼成各式各样的图案。

要求：加工精细，选料严格，拼成图案，形象生动逼真，色彩鲜艳，引人食欲。所选图案迎合消费者的心理需求。

二、冷菜装盘的方法

1. 排

将熟料平排成行的排在盘中叫排。排菜的原料，大都单盘、拼盘、花色冷盘等 3 种。用较厚的方块或腰圆块（椭圆形），且有各种不同排法：如“大腿”宜诽成锯齿形，逐层排迭，可以排出多种花色。“油爆虾”或“盐水虾”宜剥去头部的壳后，两只一颠一倒拼成椭圆。

2. 堆

堆就是把熟料堆放在盆中，一般用于单盆，如荤菜中的卤肫肝、酱牛肉、叉烧肉、油爆虾等，素菜中的拌干丝、卤汁面筋、

拌双冬等。在堆的时候也可配色，堆成花纹，有些还能堆成很好看的宝塔形。

3. 迭

迭是把加工好的熟料一片片整齐地迭起，一般造成梯形，叠时需与刀工结合起来，随切随叠，切一片叠一片，叠好后铲在刀面上，再盖到已经用另一种熟料垫底盖边的盆中。如火腿片、白切肉片、猪舌、牛肉、羊羔、盐水盹、卤腰、如意蛋卷、素火腿等，都是采用这种装盘方法。

4. 围

将切好的熟料，排列成环形，层层围绕，叫做围。用围的装盘方法，可以将冷盘制成很多花样。有的在排好主料的四周，围上一层辅料来衬托主料，叫做围边。有的将主料围成花朵，在中间用另一种辅料点缀成花心，叫做排围。如将皮蛋切成瓦楞、形围成花形，中心撮一些火腿未或肉松，作为花心，形状就更美观。

5. 摆

是运用各式各样的刀法，采用不同形状和色彩的熟料。装摆成各种物形或图案，如凤凰、孔雀、雄鸡等，叫做摆。这种方法需要有熟练的技术，才能摆得生动活泼，形象逼真。

6. 覆

将熟料先排在碗中或刀面上，再翻扣入盘中或菜面上叫做覆，如冷盘中的油鸡、卤鸭，斩成块后，先将正面朝下排扣碗内，加上卤汁，食用时再翻扣入盘里。

第三节　冷菜菜例展示

一、怪味鸡

【主料】公鸡（或大笋鸡）肉500克。

【调料】香油25克，净葱、白糖、辣椒、芝麻各15克，味精3克，酱油40克，花椒粉1克，醋10克，麻酱15克。

【制作】①芝麻炒黄研成粗面。葱切成末。②将鸡肉用白水煮熟后泡上凉透，捞出后擦去水分，抹上香油。③将调料对成汁，浇在盆内的鸡上，最后撒上芝麻面拌匀即成。

【特点】各味齐全，具有麻辣鲜香。

二、麻辣牛肉

【主料】瘦牛肉500克。

【调料】植物油900克（实耗约80克），净葱、料酒各40克，净姜、白糖、辣椒油各25克，盐5克，酱油30克，芝麻10克，味精5克，干辣椒15克，汤150克，花椒粒20个。

【制作】①将干辣椒切成节。姜切片。葱切段。芝麻炒酥。②把牛肉切成两块用旺火上笼屉蒸烂。蒸前先用葱、料酒各25克、姜10克放在一起拌匀腌50分钟蒸烂后取出晾凉，切成长4厘米，宽1厘米的长方条。③炒勺将植物油烧把牛肉炸干，捞出。留下约25克底油烧热，把花椒粒炸成紫黑色，再加上葱、姜煸炒一下，然后注入汤、酱油、白糖和牛肉、料酒、当汁快浓时放入味精，撒上芝麻浇上辣椒油后翻炒均匀即可。

【特点】味鲜麻辣，肉质酥香。

三、芝麻千张丝

【主料】：千张250克，芝麻10克。

【调料】：辣椒油40克，味精、盐各5克，花椒粉1克，白糖3克，料酒25克。

【制作】：①用刀把千张切细丝约5厘米长，并用开水汆一次晾干。芝麻炒酥备用。②将炒勺烧热注入辣椒油，再将千张丝下入，用小火翻炒，待把水分炒干后再下盐、味精翻匀，然后再加

入料酒、白糖，花椒粉，芝麻，翻炒均匀即成。

特点：麻辣鲜香，酥脆适口。

四、如意笋

【主料】：净冬笋400克，青椒20克，鸡蛋清30克，鸡胸脯肉100克，火腿条25克。

【调料】：料酒5克，盐4克，味精5克，葱姜汁25克，干淀粉3克。

【制作】：①用开水先把冬笋煮熟，然后用滚刀切成约20厘米长的薄片。鸡胸脯肉剁成鸡茸，加入味精、盐、蛋清、料酒和葱姜汁，搅拌均匀。把青椒挖去籽洗净，切成与火腿条一样粗（筷子粗）的长条。②把笋片摊平，抹上干淀粉和一层鸡茸，然后把两根火腿条放在笋片的一端，把两根青椒条放在另一端，由两端向中间卷起。其他按同法去做，卷好后上乱笼屉蒸熟取出，淋上香油。冷却后把两头切去，并切成0.5厘米厚的片装盘即成。

【特点】 色白、脆嫩。

五、盐水鸭

【主料】 净肥鸭1只（2千克左右）。

【调料】 盐150克，葱、姜各50克，干淀粉花椒100克，干淀粉大曲酒25克，味精7克。

【制作】 ①将鸭子内脏去净，清洗后，在鸭子腹壁里外抹上盐，腌2小时左右。②把锅烧热加入清水、花椒、盐、葱、姜，将鸭子下锅，烧开后转文火煮至四成熟时，再加入曲酒、味精，继续煮至鸭子全熟时取出。煮鸭子的卤汁，也同时离锅（下次再用），待鸭子冷却后，再浸入卤内，临吃时取出，切成长方块装盆，浇上少许卤汁即成。

【特点】色白微黄，醇香鲜嫩。

六、黄瓜拌虾片

【原料】：虾两对，黄瓜一节，青蒜苗两棵，青菜叶三棵酱油五钱，香油一钱，陈醋二钱，水泡木耳二钱。

【制法】：将对虾脱皮，入开水锅里煮熟，捞出晾冷；把黄瓜洗净，直刀切成半圆片；青蒜苗、青菜叶拣洗净，直刀切成段，全部放在案上待用。这时将冷虾推切成片。再行装盘和调味。摆盘的次序是：先用青菜叶铺底，接着将虾片摆成花样（可自选），上层将黄瓜片、青蒜苗摆上，撒上水木耳，倒入酱油、香油、陈醋即好。

【特点】：鲜艳美观，清香利口。

七、油泼黄瓜

【原料】：嫩黄瓜500克，食油250克（蚝油50克），花椒十粒，辣椒二个，葱半棵，姜丝二钱，白糖三钱，醋二钱，精盐五钱。

【制法】：将黄瓜洗净，在案上切去两头，一剖两瓣挖去瓤子。白朝上立也切成间距一分的斜纹，刀的深度为黄瓜的一半，不要切透，再切成寸段；辣椒洗净直刀切成细丝。再将炒锅置旺火上，倒入油浇至八成熟，将黄瓜炸成碧绿然后捞出，百朝上摆在盘里。锅内留少许油，炸入花椒至焦捞出。随之把葱、姜、辣椒丝及各种调料放入，兑成汁，浇在黄瓜上即成。

【特点】：碧绿鲜脆，别有风味。

八、海带拌粉丝

【原料】：水发海带三两，青菜叶三棵，水粉丝二两，醋三钱，酱油五钱，味精十粒，精盐三钱，葱花二钱，姜末一钱，香

油一钱，蒜三瓣捣泥。

【制法】：将海带洗净沙，直刀切成细丝，入开水氽透捞出；水粉丝推切成五寸段，青菜叶洗净直刀切细丝。把3种菜料和入调盆内，然后将酱油、醋、精盐、味精、姜末、葱花、蒜泥、香油依次调入，搅拌均匀，装盘上桌即可。

【特点】：丝长味香，色彩喜人。

九、肘花

【主料】：猪肘3个（约5 000克）。

【配料】：花椒、葱、姜各150克，八角100克，五香粉15克，砂仁粉10克。

【作料】：料酒150克，白糖100克，生硝5克，精盐250克。

【制法】：①精盐、花椒和硝在锅中炒出香味，晾凉；猪肘洗净。②白糖和炒好的精盐、花椒和硝撒在猪肘上，在盆中揉匀腌制（夏天2天，冬季6~7天），每天揉搓一次，每次约10分钟。③腌好的肘子用冷水漂洗净，放在80℃的热水中氽一下，再用凉水洗净。④将肘子上的肥瘦肉均片成2毫米厚的薄大片（不能伤破肘皮）。将片好的肉片分层排垛在肘皮上，每层撒上五香粉和砂仁粉。最后将肘皮卷起，卷成20厘米长、7.5厘米粗的圆肉卷，用细麻绳缠紧缠匀。⑤锅内清水烧开，放入猪肘，加葱、姜、料酒、八角，煮2小时捞出，晾一下，将麻绳勒紧。晾凉后拆去麻绳，即可切成片上盘食用。

【特点】：不碎不散，色质纯正，卤香绵长。

十、糖醋黑木耳

【原料】 水发黑木耳300克，荸荠50克，酱油30克，白糖20克，湿淀粉5克，米醋15克，鲜汤25克，熟花生油50克。

【制法】①木耳用冷水浸发洗净，沥干水分，用刀切成片；荸荠洗净去皮，用刀拍碎。②炒锅中放入花生油 40 克，烧至七成热，把木耳、荸荠同时下锅煸炒，加酱油、白糖、鲜汤，烧滚后用湿淀粉勾芡，再加入米醋，淋上熟油 10 克，起锅装盘即成。

【特点】：黑白相映，爽滑适口。